DINOSAURIER

THE NATURAL HISTORY MUSEUM

Tim Gardom/Angela Milner

DINOSAURIER

Wie sie lebten – warum sie ausstarben

übersetzt von Inge Uffelmann

BASSERMANN

Zum gleichen Thema ist bei Bassermann bereits erschienen:
Dinosaurier – Tiere der Urzeit (Nr. 1/0100)

Die Deutsche Bibliothek – CIP-Einheitsaufnahme

Dinosaurier : wie sie lebten – warum sie ausstarben / Tim Gardom ; Angela Milner.
Übers. von Inge Uffelmann. – Niedernhausen/Ts. : Bassermann, 1993
Einheitssacht.: The natural history museum book of dinosaurs <dt.>
ISBN 3-8094-0121-8
NE: Gardom, Tim; Milner, Angela; Uffelmann, Inge [Übers.]; EST

ISBN 3 8094 0121 8

Originaltitel: The Natural History Museum Book of Dinosaurs

Umschlaggestaltung: Peter Pinzer
Titelbild: John Sibbick
Fotos und Zeichnungen: S. 8–9 John Sibbick/NHM; S. 10 Jenny Halstead-Imagination; S. 12 Andrew Milner; S. 13–15 Ray Burrows; S. 16 Sally Dray, r.; © 1991, Studio Editions reprinted from The Dinosaur Wall Chart by permission of the publisher; S. 20–21 John Sibbick/NHM; S. 23 l, Imagination; S. 24 G.B. Corbet/NHM, Andrew Milner, Gunter Ziesler/Bruce Coleman, Wayne Lankinen/Bruce Coleman; S. 25 Salamander Books Ltd., London; S. 26 u. Imagination; S. 27 o.l. E.&P. Bauer/Bruce Coleman; S. 28 o.l. Jenny Halstead, u. John Sibbick/NHM; S. 29 Neg. 315110, Courtesy Dept. Library Services, American Museum of Natural History; S. 30 r. J.&D. Bartlett/Bruce Coleman; S. 31 r. Imagination; S. 32–33 John Sibbick/NHM; S. 37 o. Jenny Halstead; S. 39 o. Mitte Peter Johnson/NHPA, u. Mitte William S. Paton/Bruce Coleman; S. 41 o. Jane Burton/Bruce Coleman; S. 46 o. Gerald Cubitt/Bruce Coleman, u. Pictor; S. 47 o. John Sibbick/NHM; S. 48 l. Salamander Books Ltd., London; S. 48 r. und S. 49 John Sibbick/NHM; S. 50–51 Peabody Museum, Yale University; S. 52 l. Jenny Halstead, o.r. Austin James Stevens/Bruce Coleman, Mitte r. Bruce Davidson/Survival Anglia, u.r. Rod Williams/Bruce Coleman; S. 53 Salamander Books Ltd., London; S. 54–55 und S. 57 o. John Sibbick/NHM; S. 57 Mitte Rafi Ben-Shahar/OSF; S. 58 o. John Sibbick/NHM, Mitte Royal Tyrrell Museum/Alberta Culture and Multiculturalism; S. 59 und S. 60 o. John Sibbick/NHM; S. 60 u. Jenny Halstead; S. 65 o. John Sibbick/NHM; S. 66–67 John Sibbick/NHM; S. 69 r. Ray Burrows; S. 70 l. Jenny Halstead; S. 71 John Sibbick/NHM; S. 73 u. und S. 75 u. Jenny Halstead; S. 76 R.E.H. Reid; S. 81 u.l. Eric Albert, u.r. Michael Long/NHM; S. 82 © Douglas Henderson from Dinosaurs – A Global View by Sylvis and Stephen Czerkas, Dragon's World Ltd.; S. 83 o.l. Glen A. Izett/US Geological Survey, o.l. Harry Foster reproduced with the permission of the Canadian Museum of Nature, Ottawa, u. © Royal Observatory, Edinburgh; S. 85 o. US Geological Survey, u. Ray Burrows; S. 86 l. Hjalmar R. Bardarson/OSF, r. K.G. Cox, Oxford University; S. 87 Bill Tidy; S. 91 l. The Dover Pictorial Archive Series r. aus Dinosaurs from China, China Ocean Press; S. 96–97 Dept. of Palaeontology, Royal Belgian Institute of Natural Sciences, Brussels; S. 100 (großes Bild) Museum für Naturkunde, Tölke, Berlin; S. 101 r. Neg. 410764, Courtesy Dept. Library Services, American Museum of Natural History, Mitte l. und u. Mee-Mann Chang/ Institute of Vertebrate Palaeontology and Palaeoanthropology, Peking; S. 103 © 1992, Hanna-Barbera Productions, Inc. Licensed by C.P.L.; S. 106 Ray Burrows; S. 109 u. und S. 111 John Holmes; S. 113 Reprinted with permission from Nature Bd. 324, 27. November 1986, Macmillan Magazines Ltd.; S. 114–115 Ray Burrows; S. 116–117 u. John Holmes; S. 118–124 Salamander Books Ltd., London. Alle übrigen: The Natural History Museum, London. (NHM = The Natural History Museum, London.)
Übersetzung: Inge Uffelmann, Bayreuth
Redaktion: Ulrike Mai
Herstellung: Albert Brühl/Uwe Hiltmann
Gesamtkonzeption: Bassermann'sche Verlagsbuchhandlung, D-65527 Niedernhausen/Ts.

817 2635 4453 6271

INHALT

EINLEITUNG

Auf Menschen allen Alters üben die Dinosaurier eine unglaubliche Faszination aus. Ihre Beliebtheit wächst bei Kindern wie bei Erwachsenen; man könnte fast sagen, daß sie heute, 65 Millionen Jahre nach ihrem Aussterben, noch einmal die Welt erobern.

Was macht sie so faszinierend? Vielleicht die Tatsache, daß sie so gänzlich anders sind als die Tiere, die wir kennen? Man denkt sofort an Pflanzenfresser, groß wie Lokomotiven, und gruselige Fleischfresser mit 20 Zentimeter langen Sägezähnen. Doch solange wir uns die Dinosaurier bloß als urzeitliche Monster vorstellen, kommen wir über einen Wissensstand, der sich lediglich am Sensationellen orientiert, nicht hinaus. Die wahre Faszination der Dinosaurier beginnt da, wo wir erkennen, wie ähnlich sie den heutigen Tieren waren.

Obwohl sie im Ruf stehen, Giganten gewesen zu sein, gab es unter den Dinosauriern viele Arten, die nicht größer waren als heutige Tiere auch, und genau wie diese mußten sie Überlebensstrategien entwickeln. In der Art ihrer Nahrungssuche, in ihrer Physiologie und in ihrer sozialen Organisation zeigen sie verblüffende Ähnlichkeiten mit heutigen Tieren, vor allem mit Vögeln und Säugern. Aufsehenerregende Funde und neue Labormethoden haben in den letzten fünfzehn Jahren die Parallelen zwischen den Dinosauriern und den Tieren der Jetztzeit immer deutlicher hervortreten lassen.

Dieses Buch ist eine Naturgeschichte der Dinosaurier, das sie als normale Lebewesen in einer realen Umwelt vorstellt. Funde aus aller Welt belegen: Die Dinosaurier waren eine artenreiche, ausgewogene, dynamische Tiergemeinschaft und einer der spektakulärsten Erfolge der Evolution.

Das naturhistorische Museum in London

DIE WELT DER

I Die Dinosaurier stellen einen der größten Erfolge der Evolution dar: 160 Millionen Jahre lang beherrschten sie die Erde, und obwohl sie eine Welt bevölkerten, die sich deutlich von

DINOSAURIER I

unserer eigenen unterscheidet, hatten sie doch sehr viel mit den heutigen Tieren gemeinsam, denn auch sie mußten sich fortpflanzen, fressen, jagen und sich vor ihren Feinden schützen.

Das Gesicht der Erde ändert sich ständig. Das Klima, die Form der Meere und Kontinente, selbst die Lage der magnetischen Pole hat sich in den 4,6 Milliarden Jahren der Erdgeschichte viele Male gewandelt. Diese Wechsel beeinflussen auch die Entwicklung des Lebens, denn sie schaffen immer neue Bedingungen, die die eine Lebensform begünstigen, so daß sie vielfältige Arten hervorbringt, während sie andere benachteiligen, so daß ihre Arten aussterben. Ändert sich die Umwelt erneut, ergreifen wieder andere Lebensformen von der Erde Besitz.

Früher dachte man, nur die schwächeren Lebensformen würden aussterben, während sich die stärkeren in einem ständigen Fortschrittsprozeß immer weiter entwickeln. Man prägte dafür die Formulierung: „Das Überleben des Stärkeren“. Tatsächlich aber sind die jeweils überlebenden Formen nur in dem Sinne „besser“, als sie sich veränderten Umweltbedingungen rasch anpassen können. Wenn beispielsweise das Klima weltweit kühler wird, sind Tiere mit einem Pelz gegenüber denen im Vorteil, die keine solche Wärmeisolierung haben. Trotzdem ist ein Pelz an sich nicht „besser“ als eine Schuppenhaut.

Vor allem die Dinosaurier hatten unter dem Vorurteil, das sich in der Idee des „Überlebens des Stärkeren“ verbirgt, sehr zu leiden. Die Tatsache, daß sie ausgestorben sind, galt als Beweis dafür, daß sie nicht „stark“ genug waren. Sie seien zu groß, zu langsam, zu dumm gewesen, sagte man. Das ist schlicht falsch. Erstens waren nicht alle Dinosaurier groß, langsam und dumm. Es gab sehr viele kleine, flinke, sehr gescheite Arten. Vor allem aber haben sie über einen enorm langen Zeitraum hin überlebt: 165 Millionen Jahre. Das ist mehr als das Vierzigfache der bisherigen Überlebenszeit der Menschheit! Ja, einfach nur zu sagen, sie hätten überlebt, wird ihnen in keiner Weise gerecht. Die Fossilfunde belegen eindeutig, daß sie jeden wie auch immer gearteten Lebensraum auf dem Land für sich in Besitz nahmen. Fliegende Reptilien, aus denen sich die Vögel entwickelten, eroberten sich den Luftraum, wo sie vor den Dinosauriern sicher waren, riesige Meeresreptilien schwammen in den dinosaurierfreien Meeren, aber an Land gab es, von ganz wenigen Ausnahmen abgesehen, kein Tier, das größer gewesen wäre als eine heutige Hauskatze und dennoch eine Chance gehabt hätte, sich weiterzuentwickeln. Die ersten Säugetiere, die unsere frühesten Vorfahren darstellen und deren intellektuelle Überlegenheit so gern betont wird, waren höchstens rattengroße Kreaturen, die bei Nacht herumhuschten, wenn die Dinosaurier schliefen. Keine andere Tierart hat die Erde je so vollkommen beherrscht wie die Dinosaurier.

Dieses Buch will den Erfolg der Dinosaurier feiern und ihn, so weit wie möglich, erklären. Das heißt, wir dürfen in den Dinosauriern nicht länger bloße gigantische Monster oder riesenhafte Skelette sehen, eine faszinierende Erscheinung im Stammbaum des Lebens. Wir müssen sie vielmehr als reale Tiere in einer realen Umwelt begreifen, als Mitglieder einer ausbalancierten Tierpopulation, die mit denselben Überlebensproblemen konfrontiert war wie die heutige Tierwelt auch: Sie mußten sich fortpflanzen, wachsen, fressen und versuchen, nicht gefressen zu werden.

DIE FOSSILIEN

Wir verfügen über zwei wichtige Informationsquellen. Erstens die Fossilien: Sie bil-

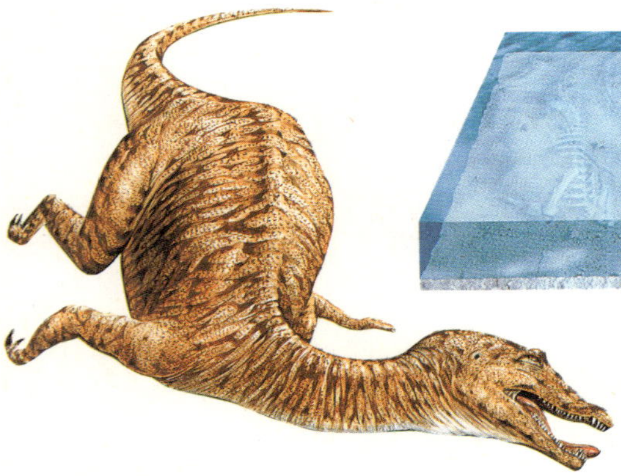

Wie entstehen Fossilien? Der tote Dinosaurier wird rasch von Sedimenten bedeckt. Die Ablagerungen verdichten und verhärten sich. Mineralien durchdringen den Knochen und bilden ihn zu Stein um. Millionen Jahre später kommt das Fossil zum Vorschein, wenn das Gestein durch Verwitterung abgetragen wird.

(Abbildung Seite 8/9) Drei *Deinonychi* greifen einen pflanzenfressenden *Tenontosaurus* an, der sich unvorsichtigerweise von seiner Herde entfernt hat.

den den physischen Beweis für die einstige Existenz der Dinosaurier. Das Wort Fossil leitet sich von einer Form des lateinischen Verbs *fodere* ab, das ‚graben, ausgraben' bedeutet. Früher meinte man mit Fossil alles, was aus dem Boden geholt wurde, einschließlich Mineralien und Kristallen. Heute bezeichnet man mit Fossil jede Spur vergangenen Lebens, die sich im Stein erhalten hat. Obwohl sie so lange überlebten, bilden die Dinosaurier doch nur einen geringen Teil der Fossilien, die man auf der Erde findet. Normalerweise wird der Körper eines toten Tieres rasch zerstört. Aasfresser reißen das Fleisch von den Knochen und verzehren es samt Innereien, die Knochen werden verstreut und verwesen. Nach wenigen Wochen ist keine erkennbare Spur mehr übrig. Wenn der Kadaver aber rasch mit einem Sediment bedeckt wird, etwa durch einen Sandsturm in der Wüste oder durch den Schlamm am Ufer eines Flusses, bleibt der Körper erhalten. Auch der Schlick am Grund eines Sees kann einen abgesunkenen toten Körper rasch bedecken. Deshalb ist die Zahl der Fossilien von in oder am Wasser lebenden Tieren besonders groß. Das ist aber auch der Grund, warum die Körper der Dinosaurier, die ja alle Landtiere waren, sich nur selten in Fossilien umbildeten. Gelegentlich jedoch wurde auch der Kadaver eines toten Dinosauriers sofort von Sedimenten bedeckt und konnte so zum Fossil werden.

Sobald das tote Tier unter Sedimente zu liegen kam, verfaulte und verweste das Fleisch, nur die harten Knochen und die Zähne blieben erhalten. Während sich immer mehr Ablagerungen über den Knochen aufhäuften und sich durch den Druck ihres Eigengewichts in Kalk-, Schlamm- oder Sandstein, in Lehm oder Schiefer verwandelten, durchdrangen mit dem einsickernden Wasser Mineralien das Gestein und lagerten sich zunächst in den winzigen Hohlräumen der Knochen ab. Später wurde dann auch die Knochensubstanz selbst aus diesen Mineralien neu aufgebaut. Diese Fossilien, die zum Teil aus Originalknochenmasse, zum Teil aus Stein bestehen, werden „Versteinerungen" genannt. Es konnte aber auch geschehen, daß säurehaltiges Wasser den Knochen auflöste, so daß an seiner Stelle ein Hohlraum entstand. Diese natürlichen Gußformen kann man mit verschiedenen Materialien wie Gips oder Latex ausgießen, man erhält dann ein genaues Abbild der Form, die sich einst dort befunden hat. In anderen Fällen haben sich die Hohlräume selbst mit Ablagerungen gefüllt, etwa mit Kieselerde, Kalzit oder Eisenkies, und so einen natürlichen Abguß der ursprünglichen Form gebildet. Die seltenste Fossilform bildet sich, wenn der ganze Tierkörper in einer vollkommen trockenen Umgebung sehr rasch bedeckt wird, denn dann mumifizieren zunächst Weichteile und Haut, ehe der Rest fossiliert. Bei solchen Überresten ist die Beschaffenheit der Haut vollkommen erhalten, lediglich die Färbung ist verlorengegangen, denn sie hat sich der Farbe des umgebenden Gesteins angepaßt.

Darüber hinaus gibt es eine Menge anderer Fossilien, Überreste, die nicht als Beweise, aber als Indizien für die Existenz der Dinosaurier dienen, nämlich Fußabdrücke, Nester mit Eiern, Kratzspuren im Boden, Zahnabdrücke in Knochen, versteinerte Kothaufen, Magensteine und vieles andere. Alle diese Indizien und Beweise zusammen ergeben das Fossilien-Protokoll, anhand dessen wir unser Wissen über die Dinosaurier aufbauen und ständig erweitern.

Die zweite wichtige Informationsquelle über das Leben der Dinosaurier ist die

Außer fossilen Knochen und Zähnen ließen die Dinosaurier andere Hinweise auf ihre Existenz und Lebensweise zurück, wie dieses versteinerte Ei eines *Protoceratops* aus der Wüste Gobi.

Fußabdrücke und Laufspuren sagen uns, ob die Tiere allein oder in Herden lebten und wie schnell sie liefen.

Beobachtung der heute lebenden Tiere.
Es ist kein Zufall, daß die ersten Dinosaurierforscher auch Experten auf dem Gebiet der vergleichenden Anatomie waren, Wissenschaftler, die anhand von Skelettvergleichen die Verwandtschaftsbeziehungen zwischen den Arten nachwiesen. Sie stellten fest, daß der Knochenbau der Dinosaurier Ähnlichkeiten mit dem von zeitgenössischen Tieren wie Eidechsen, Vögeln und Säugetieren aufwies. Aber sie sahen auch die gravierenden Unterschiede. Die heutigen Tiere bilden also einen wichtigen Bezugspunkt, nicht nur im Hinblick auf so grundlegende Fragen, wie etwa die nach der Fortbewegung der Dinosaurier. Es geht auch darum herauszufinden, wie sie sich verhielten und miteinander verständigten und welche Jagd- und Verteidigungstechniken sie wohl hatten. Wir werden in diesem Buch das Verhalten der heute lebenden Tiere immer wieder mit dem der Dinosaurier vergleichen.

Woher kamen die Dinosaurier? Diese scheinbar einfache Frage wird seit nunmehr 150 Jahren von Wissenschaftlern diskutiert, und noch immer gehen die Meinungen und Ansichten darüber weit auseinander.
Ehe der erste Dinosaurier erschien, gab es schon mindestens 3,26 Milliarden Jahre Leben auf der Erde. Die ersten Lebewesen waren einfache einzellige Organismen; im Lauf von Hunderten von Millionen Jahren bevölkerten nach und nach die vielfältigsten Arten von Wassertieren die Meere, darunter Würmer, Quallen, Mollusken, später dann Fische mit Knochenskeletten. Schließlich wurde auch das Land ganz langsam erobert, zunächst von einzelligen Pflanzen wie Algen, später kamen komplexere Pflanzen hinzu und endlich auch tierische Lebewesen – Würmer, Arthropoden (Insekten, Skorpione, Milben und andere) sowie Mollusken (zum Beispiel Schnecken). Eine Gruppe der Knochenfische, die Lungenfische, kam vor etwa 370 Millionen Jahren an Land. Diese Pioniere waren die Ahnen sowohl der an Land lebenden Amphibien als auch der frühen Reptilien. Vor etwa 245 bis 235 Millionen Jahren gab es viele Reptilienarten, die auf dem Land lebten. Darunter waren säugetierähnliche Reptilien, aus denen sich später die Säuger entwickelten, aber auch Rhynchosaurier (Pflanzenfresser mit papageienähnlichem Schnabel und kräftigen, zum Graben geeigneten Hinterfüßen) und Archosaurier (die „herrschenden Reptilien"). Die ersten Archosaurier, gemeinhin Thekodontier, das heißt „Wurzelzahntiere", genannt, waren allesamt Fleischfresser. Einige waren große, krokodilähnliche Tiere mit seitlich abgewinkelten, gespreizten Gliedmaßen. Andere waren nur halbwegs Spreizgänger, denn sie hatten runde Ellbogen- und Kniegelenke, konnten sich also kurzfristig zu einem geraden Gang aufrichten, wie es auch die Krokodile von heute tun, die ihre Nachfahren sind. Kleinere, leichter gebaute Thekodontier waren die ersten, die die Fähigkeit erlangten, kurze Strecken sehr rasch auf den Hinterbeinen zu laufen. Für einige von ihnen wurde das die übliche Fortbewegungsart, sie liefen auf gerade unter dem Körper stehenden Beinen. Der nur 30 Zentimeter lange Thekodontier *Lagosuchus* aus Argentinien bildet die anatomische

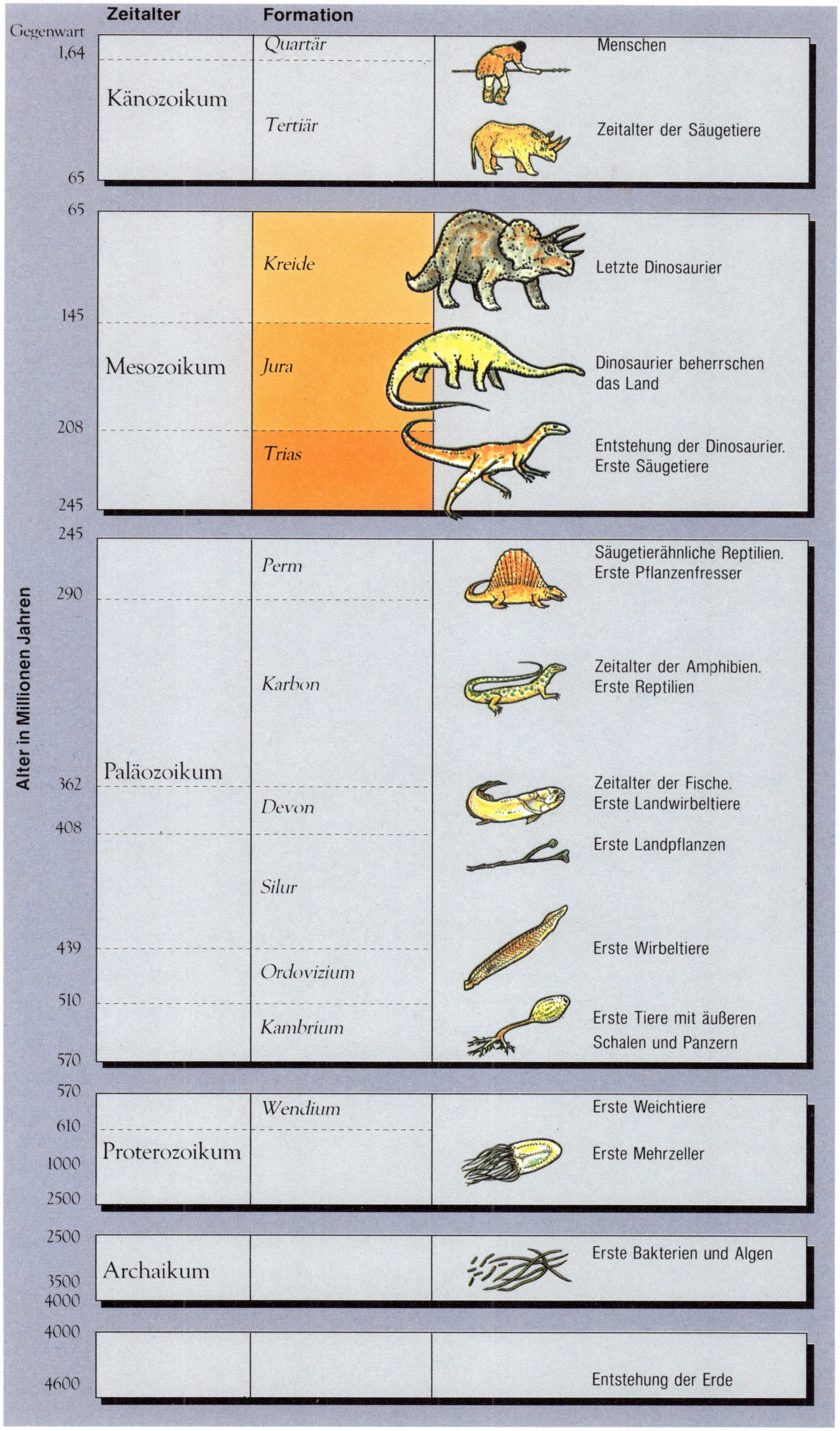

Grenze zwischen der voll entwickelten gestrecktbeinigen Gangart der Thekodontier und den beiden Gruppen, die sich aus diesen entwickelten: Es handelt sich um die fliegenden Reptilien (Pterosaurier) und die Dinosaurier selbst.

Die Zeit der Dinosaurier, wissenschaftlich Mesozoikum (Erdmittelalter) genannt, teilt sich in drei erdgeschichtliche Perioden, die man Trias, Jura und Kreide nennt. Diese Unterteilungen haben nichts mit der Entwicklung der Dinosaurier zu tun, sie beziehen sich auf das Alter der Gesteine, in denen Dinosaurierfossilien gefunden wurden. Für die Dinosaurierforscher sind diese drei erdgeschichtlichen Perioden ein wichtiger zeitlicher Raster. Sie teilen jede einzelne in eine frühe, mittlere und späte Phase, was ihnen hilft, genau zu bestimmen, wann eine bestimmte Dinosaurierart lebte. Während des Mesozoikums erlebte der Planet Erde drastische Veränderungen, die das Leben der Dinosaurier stark beeinflußten.

DIE ZEIT DER TRIAS

Während der Trias (vor 248 bis 213 Millionen Jahren) bildeten alle Kontinente der Erde eine einzige zusammenhängende Landmasse, die von den Geologen Pangäa genannt wird. Dieser Superkontinent lag beiderseits des Äquators. Die Landtemperatur war einheitlich mild, denn es gab weder Polareiskappen noch nennenswerte Binnengewässer, die das Klima hätten beeinflussen können, folglich gab es auch kaum jahreszeitliche Unterschiede. Gegen Ende der Trias wurde es merklich wärmer und trockener. Die Pflanzenwelt im Norden Pangäas scheint sich deutlich von der im Süden unterschieden zu haben, doch hat die Wissenschaft hierfür bis heute noch

Über viele Jahrmillionen hin entwickelten sich die Dinosaurier aus früheren Lebensformen. Ihre heute lebenden nächsten Verwandten sind die Vögel und die Krokodile.

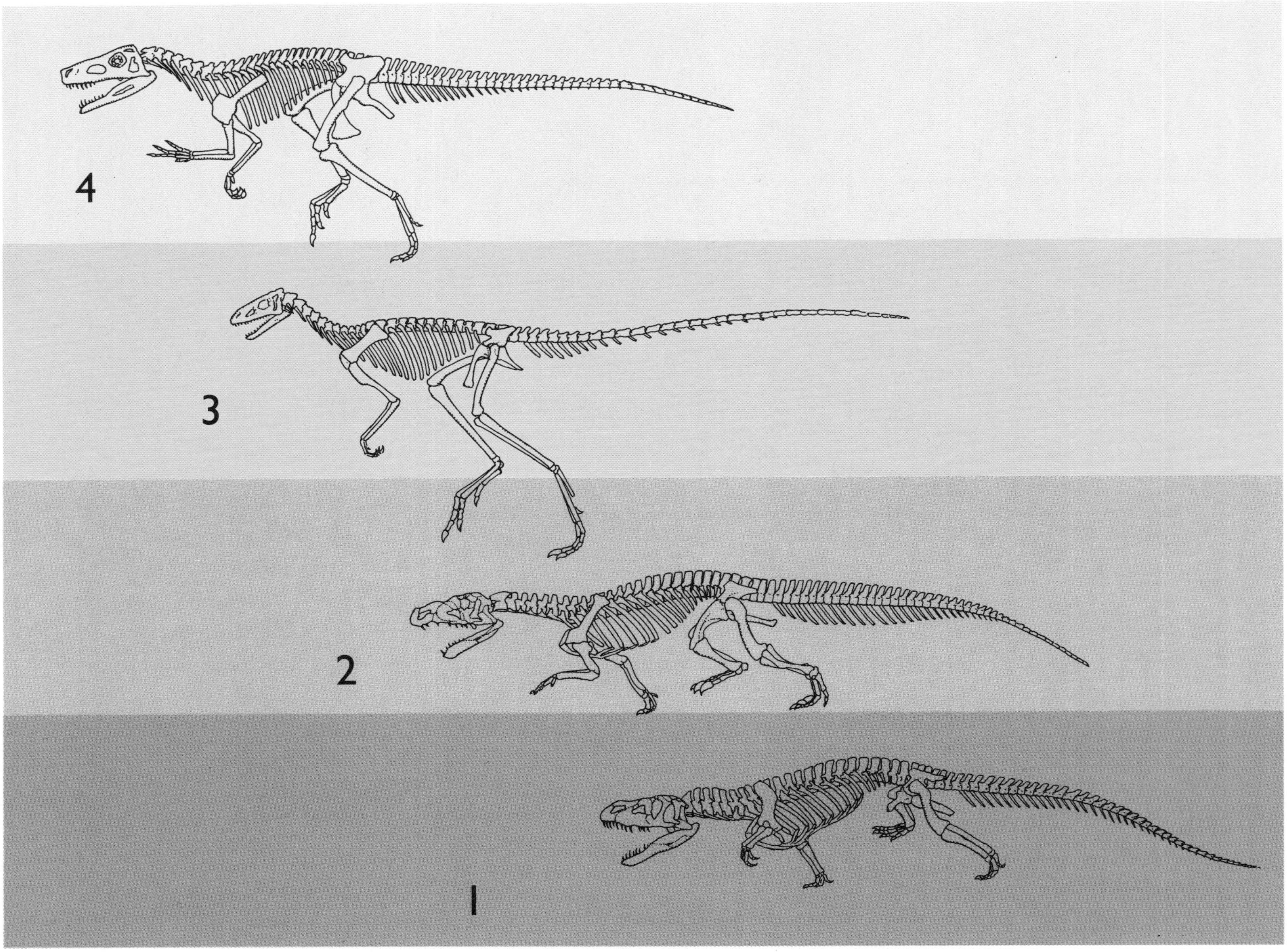

Stufen einer Entwicklung: Die Archosaurier waren Spreizgänger (1); aus ihnen entwickelten sich Arten mit beweglichen Fußgelenken (2). Kleine, leicht gebaute Archosaurier, wie *Lagosuchus* (3), entwickelten den aufrechten Gang und wurden zu Zweibeinern. Von ihnen stammen die ersten Dinosaurier, wie der *Herrerasaurus* (4), ab.

keine Erklärung gefunden. Da Pangäa ein einziger Kontinent war, konnten sich die Dinosaurier ungehindert auf ihm ausbreiten. Fossilien sehr ähnlicher Arten aus dieser frühen Epoche werden überall auf der Welt gefunden. Die frühesten Dinosaurier waren kleine, leicht gebaute, auf zwei Beinen laufende Fleischfresser wie *Rioarribasaurus* (bis vor kurzem *Coelophysis* genannt) und *Herrerasaurus*. Diese relativ primitiven Dinosaurier erreichten eine Körperlänge von bis zu drei Metern; sie waren flink und mit ihren scharfen Zähnen und Klauen ziemlich furchterregend. Etwa um diese Zeit erschienen auch die ersten pflanzenfressenden Dinosaurier, Prosauropoden wie *Massospondylus* und *Plateosaurus*, die sowohl auf zwei als auch vier Beinen gehen konnten und vermutlich, auf die Hinterbeine aufgerichtet, in den Baumwipfeln äsen konnten. Fossile Rückstände auch dieser Tiere sind weltweit verbreitet, was den Schluß zuläßt, daß ihr Verdauungssystem den verschiedenen Pflanzenarten Pangäas gewachsen war. Obwohl keiner dieser frühen Prosauropoden die gigantischen Körpermaße der späteren Pflanzenfresser erreichte, waren sie die bei weitem größten Landtiere ihrer Zeit. *Plateosaurus* erreichte bis zu acht Meter Länge. Ein frühes Beispiel für die Strategie, sich durch schiere Körpergröße vor Angriffen zu schützen.

Der Aufstieg der Dinosaurier während der späten Trias führte zum Niedergang anderer Tiergruppen, die zuvor durchaus erfolgreich gewesen waren. Viele der spreizgängigen Reptilien und Amphibien verschwanden

WELCHES DIESER TIERE IST EIN DINOSAURIER?

In der Zeit zwischen 230 und 65 Millionen Jahren vor unserer Zeitrechnung lebten die Dinosaurier. Sie waren Landbewohner und konnten nicht fliegen. Sie hatten gerade unter dem Körper stehende Beine, und sie waren Reptilien. Welche der hier abgebildeten Tiere sind Dinosaurier? (Antworten auf der nächsten Seite)

Die Landschaft der Trias: Die Welt der Dinosaurier vor 210 Millionen Jahren war von gigantischen Schachtelhalmgewächsen geprägt. In den feuchteren Zonen wuchsen Farne und Bennettiteen, in den trockeneren Gebieten dagegen Koniferen.

Die Landschaft des Jura: Die Welt der Dinosaurier vor 150 Millionen Jahren war von Farnwäldern beherrscht. Daneben gab es große Koniferen wie zum Beispiel Sequoien (Mammutbaum) und Araucarien (Chilefichte).

Die Landschaft der Kreide: Die Welt der Dinosaurier vor 70 Millionen Jahren war von blühenden Laubbäumen geprägt, die an heutige Buchen und Eichen, an Wein und Hickory erinnern. Daneben gab es Zykadeen, Koniferen und Farne.

ebenso wie die säugetierähnlichen Reptilien. Unter den Arten, die sich neben den Dinosauriern behaupten konnten, waren die unterschiedlichsten Insekten (oft Nahrungsquelle für kleinere Dinosaurier und Jungtiere), Krokodile und sehr kleine Säuger. In den Flüssen und Süßwasserseen gab es ebenfalls eine unüberschaubare Vielfalt von Lebensformen, darunter Frösche, Schildkröten und Fische. Die wenigsten scheinen von Dinosauriern als Beute gejagt worden zu sein. Flugeidechsen und die ersten Pterosaurier eroberten den Luftraum und in den Meeren tummelten sich Schwärme verschiedener Reptilien wie Ichthyosaurus und Protosaurus.
Die späte Trias kann als eine Periode der Kolonisation gesehen werden, eine Zeit, in der die Dinosaurier sich über den ganzen Kontinent Pangäa ausbreiteten und die bereits existierenden Bewohner verdrängten. Dabei spielte die größere Beweglichkeit und Schnelligkeit der Dinosaurier eine wichtige Rolle, doch nehmen viele Wissenschaftler an, daß auch klimatische Veränderungen das Aussterben vorhandener Arten beschleunigten. So entstand eine Lücke im Ökosystem, die von den Dinosauriern gefüllt wurde.

WELCHES DIESER TIERE IST EIN DINOSAURIER?

Dinosaurier	Keine Dinosaurier
6. *Brachiosaurus* – Dinosaurier.	4. *Plesiosaurier* – kein Dinosaurier; lebte im Meer.
10. *Deinonychus* – Dinosaurier.	1. *Krokodil* – kein Dinosaurier; hat keine gestreckten Beine.
3. *Tyrannosaurus* – Dinosaurier	7. *Pterosaurier* – kein Dinosaurier; flog durch die Luft.
8. *Chasmosaurus* – Dinosaurier.	2. *Säugetierähnliches Reptil* – kein Dinosaurier, lebte vor 300 Millionen Jahren.
5. *Polacanthus* – Dinosaurier.	9. *Ichthyosaurus* – kein Dinosaurier; lebte im Meer.

Die Welt verändert sich ständig. *Oben:* In der Trias bilden alle Kontinente die zusammenhängende Landmasse von Pangäa. *Mitte:* Im Jura gibt es zwei Superkontinente, Laurasien im Norden und Gondwana im Süden. *Unten:* In der Kreide zerbrechen die Landmassen weiter und driften auseinander, die Konturen der heutigen Kontinente sind erkennbar. Gelb = Land; hellblau = seichte Schelfmeere; dunkelblau = Ozeane.

DIE ZEIT DES JURA

Während des Jura (vor 213 bis 145 Millionen Jahren) brach die zusammenhängende Landmasse Pangäas auseinander, es entstanden zwei neue Kontinente: Laurasien im Norden und Gondwana im Süden. Trotz dieser dramatischen Zweiteilung muß es – zumindest zeitweise – Landbrücken zwischen den beiden Kontinenten gegeben haben, denn fossile Reste von *Brachiosaurus,* aber auch von dem plattenbewehrten *Stegosaurus* fand man sowohl im heutigen Afrika als auch in Nordamerika.

Die zwischen den beiden neuen Kontinenten entstandenen Ozeane veränderten das globale Klima. Die Temperaturen sanken leicht, es gab deutlich mehr Niederschläge. Das feuchtere Klima führte dazu, daß eine üppig wuchernde Tropenvegetation entstand. Farne und Schachtelhalmgewächse waren die am weitesten verbreiteten Bodenpflanzen, dazwischen gediehen an Flußufern und Seen Ginkgos und Baumfarne. Ein Teil dieser Vegetation bildete später die Braunkohlenflöze, die wir noch heute abbauen. Dichte Wälder von Zykadeen, Koniferen und Mammutbäumen bedeckten Abertausende von Quadratkilometern der trockeneren Landstriche. Das feuchtwarme Klima ließ eine ganze Reihe neuer und sehr bemerkenswerter Dinosaurierarten entstehen, darunter die pflanzenfressenden Sauropoden wie *Apatosaurus, Diplodocus* und *Brachiosaurus,* das größte Tier, das je auf Erden wandelte. Ein solcher Gigant, der täglich eine Tonne Grünzeug verkonsumierte, mußte sicher sein, daß er genügend große Vorräte in unmittelbarer Nähe hatte – er konnte keine wertvolle Freßzeit mit langen Fußmärschen vertun. Dafür hatten die Sauropoden extrem lange Hälse, die es ihnen erlaubten, auch die Wipfel der Bäume abzuäsen, die die kleineren Dinosaurier nicht erreichen konnnten. Gegen Ende des Jura beherrschten die Herden dieser gewaltigen Tiere das Bild der Landschaft. Neben ihnen entwickelten sich aber auch andere Arten, darunter der große fleischfressende *Allosaurus* und der durch Hornplatten gepanzerte *Stegosaurus.* Kleinere Coelurosaurier wie *Coelurus* und *Ornitholestes* jagten zwischen den Farnen, Schachtelhalmen und Moosen nach Eidechsen, Säugern, Fröschen und Insekten. Außer den Fluginsekten, darunter Vorfahren der heutigen Fliegen und Bienen, gehörte die Luft den Pterosauriern – den fliegenden Reptilien, die sich aus der gleichen Gruppe der Archosaurier entwickelt hatten wie die Dinosaurier. Auch *Archaeopteryx* erschien erstmals im Jura. Dieser früheste bisher bekannte Vogel hat viele Züge eines Dinosauriers, was beweist, daß die Vorfahren der Vögel kleine fleischfressende Dinosaurier waren.

Geht man allein nach Größe und geographischer Verbreitung, so muß man die Zeit des Jura als die eigentliche Epoche der Dinosaurier bezeichnen. Der voll entwickelte Gang auf gestreckten Beinen, der schon den „Sieg“ der Dinosaurier über die Archosaurier bewirkt hatte, erlaubte ihnen, viele körperliche Varianten zu entwickeln, so daß sie buchstäblich jede Nische im Ökosystem besetzen konnten. Gegen Ende des Jura hatten sie den gesamten nur irgend bewohnbaren Platz auf der Landoberfläche eingenommen.

DIE KREIDEZEIT

Die beiden Superkontinente Laurasien und Gondwana drifteten während der Kreidezeit (vor 145 bis 65 Millionen Jahren) weiter auseinander. Gegen Ende dieser Periode

Während der Zeit der Dinosaurier entwickelten sich neue Pflanzen, die vielen von ihnen Nahrung gaben.

Zu den Pflanzen der späten Trias gehörte die Wielandiella, eine Bennettitee, die eng mit den Blütenpflanzen verwandt ist.

Während des späten Jura waren in den trockeneren Zonen Farne wie Gleichenien weit verbreitet.

In der Kreide erschienen die ersten Blütenpflanzen. Auf den trockeneren Böden der Kreide entwickelten sich Laubwälder.

Der älteste bekannte Vogel ist Archaeopteryx. Die aus Solnhofen im Fränkischen Jura stammende Versteinerung dieses Urvogels *(links)* ist 147 Millionen Jahre alt. Sie zeigt sowohl Merkmale eines Reptils als auch eines Vogels *(oben)*, denn das Skelett weist einen knochigen Reptilienschwanz und Zähne im Kiefer auf, aber auch typische Vogelmerkmale wie Federn, Krallen an den Zehen und die ‚Gabelbein' genannten verwachsenen Schlüsselbeinknochen. Die Übereinstimmungen im Skelettbau des Archaeopteryx und einiger kleiner fleischfressender Dinosaurier sind vielfältig.

hatten die Kontinente ungefähr die Umrisse, die wir heute kennen. In der frühen Kreide war das Klima mild, und es gab feuchte und trockenere Jahreszeiten, in der späten Kreide war schon recht deutlich zwischen Sommer und Winter zu unterscheiden, allerdings fielen die Temperaturen nicht einmal in den Polarregionen unter den Gefrierpunkt.

Die einschneidenste Veränderung dieser Zeit war das Auftreten bedecktsamiger Blütenpflanzen (Angiospermen). Da die großen Dinosaurierherden, die im späten Jura über die Ebenen streiften, die langsam wachsenden Pflanzen permanent niedertrampelten, hatten sich diese resistenteren, rascher wachsenden Pflanzen in einer Art Notwehrreaktion entwickelt. Sie wuchsen aber nicht nur rascher nach, ihre Samen wurden auch leichter als die der alten Pflanzenbestände vom Wind, von Insekten und vorüberstreifenden Dinosauriern weiterverbreitet. Zunächst handelte es sich nur um kleine Bodenpflanzen, doch bald entwickelten sie sich zu der beherrschenden Pflanzengruppe schlechthin und verdrängten die meisten Farne und Schachtelhalme. Neben den kleinen Blütenpflanzen umfaßten sie nun auch Büsche und Rankengewächse und bildeten schließlich riesige Wälder.

Diese Veränderungen blieben nicht ohne Einfluß auf die Dinosaurier. Da es in der Kreide wegen des Auseinanderdriftens der Landmassen weniger Landbrücken gab, entwickelten sich die Dinosauriergruppen auf den einzelnen Kontinenten unabhängig voneinander weiter, und jeder Erdteil brachte neue, besondere Arten hervor.

So entwickelten sich in Nordamerika die Hadrosaurier, dagegen fand man in China und der Mongolei in jüngster Zeit merkwürdige Fleischfresser wie *Segnosaurus* und den ganz besonders bemerkenswerten *Oviraptor*. In Europa, das von einem riesigen Flachmeer bedeckt war und folglich aus lauter Inseln bestand, ging diese Spezialisierung noch sehr viel weiter. Hier brachte die Evolution Zwergformen ehemals riesiger Dinosaurier hervor, wie beispielsweise die kleinen Iguanodontiden *Rhabdodon* und *Craspedodon* und den winzigen gepanzerten *Struthiosaurus*. Viele Tierformen, die uns von ihrem Erscheinungsbild her bekannt sind, tauchten erstmals in der Kreidezeit auf. Dazu gehören Schlangen, einige Vogelarten und Motten. Die fliegenden Reptilien entwickelten sich weiter. Unter ihnen war das größte Tier, das jemals die Lüfte beherrschte: *Quetzalcoatlus* mit einer Flügelspannweite von mehr als elf Metern.

Im Westen Nordamerikas findet man heute ganz besonders viele kreidezeitliche Fossilien, denn die rasch wachsenden Blütenpflanzen boten hier riesigen Herden pflanzenfressender Dinosaurier hinreichend Nahrung. Zu diesen gehörten *Triceratops*, *Kritosaurus* und *Parasaurolophus*. In Montana wurden die Knochen von mehreren tausend pflanzenfressenden *Maiasaura* entdeckt, die dort bei einem Vulkanausbruch zusammen umgekommen waren, was darauf hinweist, daß die Herden gigantische Ausmaße gehabt haben müssen. Das bedeutete Nahrung in Hülle und Fülle für Fleischfresser wie *Albertosaurus* und *Tyrannosaurus*, aber auch für die kleineren Aasfresser wie *Troodon* und *Dromaeosaurus*, die wahrscheinlich zusätzlich auf geringwüchsige Pflanzenfresser Jagd machten. Man muß freilich bedenken, daß es sich hier um eine Art „Schnappschuß" aus einer ganz bestimmten Zeit und Gegend handelt. Es ist fraglich, ob diese Form des Dinosaurierdaseins sich an irgendeiner anderen Stelle der Erde wiederholte. Da sich in den verschiedenen Weltecken die unterschiedlichsten Arten entwickelten, muß man davon ausgehen, daß auch die Größen der einzelnen Populationen unterschiedlich waren; in jedem Fall ist es schwierig und gewagt, allgemeine Schlüsse über das Leben der Dinosaurier jener Zeit aus solchen einzelnen Funden zu ziehen.

Nur eines können wir mit Bestimmtheit sagen: In der späten Kreide gab es mehr unterschiedliche Dinosaurierarten, als es in allen vorangegangenen Perioden der Trias und des Jura zusammen gegeben hatte. Dieser Abschnitt des Dinosaurierzeitalters war der Höhepunkt ihrer Entwicklung, sowohl was die Vielzahl der Arten, als auch was die Größe der Populationen anlangt. Daß sie alle am Ende der Kreidezeit ausstarben, ist noch immer eines der größten Rätsel der Wissenschaft.

FORTBE

2 Einer der Schlüssel des Erfolges der Dinosaurier ist ihr aufrechter Gang auf geraden Beinen. Dies verschaffte ihnen Vorteile gegenüber allen anderen Reptilien, die Spreizgänger waren. Als gemäch-

WEGUNG 2

liche Giganten oder flinke Jäger, als wandernde Herdentiere oder schnellfüßige Aasfresser entwickelten die Dinosaurier die verschiedensten Formen des aufrechten Gangs.

Die Dinosaurier liefen auf gerade unter dem Körper stehenden Beinen. Diese Fähigkeit, die kein anderes Reptil zuvor entwickelt hatte, machte die Dinosaurier für 160 Millionen Jahre zur alles beherrschenden Art unter den Landtieren. Vierbeinige Landtiere mit einer Wirbelsäule haben drei Möglichkeiten der Fortbewegung: Wie die Eidechsen als Spreizgänger, deren Beine im rechten Winkel vom Körper abstehen, so daß sie beim Laufen das Gewicht immer von einer Seite des Körpers auf die andere verlagern müssen und jeweils nur ein Bein heben und bewegen können. Wie die Krokodile, die ebenfalls Spreizgänger sind, sich aber für einen kurzen Sprint mit fast geraden Beinen zum halbaufrechten Gang erheben können. Wie alle Säugetiere und Vögel, die den voll entwickelten aufrechten Gang haben; ihre Beine stehen immer gerade unter dem Körper, egal ob sie laufen, rennen, galoppieren oder hüpfen.

Der voll entwickelte aufrechte Gang hat viele Vorteile. Das Tier muß seinen Körper beim Laufen nicht wie eine Eidechse über den Boden schleifen, es muß auch nicht große Mengen Energie damit verschwenden, beim schnellen Laufen auch noch sozusagen gleichzeitig Liegestütz zu machen. Außerdem sind die Fuß- und Handgelenke der Spreizgänger enormen Belastungen ausgesetzt. Kein großes, schweres Tier kann sich auf diese Weise effektiv fortbewegen, was letztlich der gesamten Weiterentwicklung einer solchen Art hinderlich ist.

Neueste Forschungen haben auch ergeben, daß Spreizgänger nur mit Mühe gleichzeitig laufen und atmen können, die ständige Verlagerung des Körpergewichts behindert die Lungentätigkeit. Tiere mit voll entwickeltem aufrechtem Gang haben dieses Problem nicht. Die Dinosaurier hatten das Durchhaltevermögen einer Lokomotive, was ihnen vergleichsweise große Vorteile gegenüber allen Spreizgängern verschaffte. Eine Art, die über den aufrechten Gang verfügt, kann also größer werden, sie kann sich weiter und schneller fortbewegen, und das heißt letztlich, es eröffnen sich ihr sehr viel mehr Evolutionsräume. Eine solche Art wird eine größere Variationsbreite an Körperformen und Lebensstilen entwickeln, wie man es ja an den heute lebenden Säugetieren und Vögeln sehen kann – manche sind riesig groß, andere sind extrem schnell, wieder andere sind klein, aber ungeheuer agil. Auch die Dinosaurier nutzten die Möglichkeiten, die der voll entwickelte aufrechte Gang ihnen verschaffte, auf alle nur denkbaren Weisen.

GEMÄCHLICHE GIGANTEN

Die großen Sauropoden wie *Diplodocus* nutzten den aufrechten Gang, um eine gigantische Körpergröße zu entwickeln. Ein ausgewachsener *Diplodocus* war so riesenhaft, daß kein Raubtier ihm etwas anhaben konnte. Natürlich war für eine solche Körpermasse eine bemerkenswerte Anpassungsleistung nötig. So hatte *Diplodocus* vier dicke, weit auseinanderstehende Beine, die wie Säulen den Schultergürtel und das Becken stützten. Die fünf Hüftwirbel bildeten eine fest verbundene Einheit als Stütze für das mächtige Becken, das ja immerhin den Druck eines elf Tonnen schweren Körpers in Bewegung aushalten mußte. Alle vier Beine endeten in kurzen, breiten Füßen, ähnlich denen eines Elefanten. Die Vorderzehen des *Diplodocus* trugen vermutlich abgerundete Hornplatten, doch der Mittelzeh des Vorderfußes hatte eine ziemlich lange, scharfe Kralle. Auch drei der Zehen der Hinterfüße hatten Krallen, die vielleicht das Abrutschen verhinderten, indem sich *Diplodocus* mit ihnen im weichen Boden verhakte, wenn er einen Hügel hinauf- oder hinunterging.

Diplodocus und andere Sauropoden hatten auch eine Art eingebauten hohen Absatz. Wenn man läuft, muß man bei jedem Schritt das gesamte Körpergewicht mit dem Fußgelenk anheben. Das ist sehr anstrengend und ermüdend, und jeder Mensch weiß, daß Schuhe mit einem Absatz das Laufen erleichtern. Wenn es schon anstrengend ist, einen 68 Kilogramm schweren Menschen bei jedem Schritt ein paar Zentimeter vom Boden zu heben, dann kann

(Abbildung Seite 20/21) Eine versteinerte Dinosaurierspur scheint von einem Apatosaurus zu stammen, der allein auf den Vorderfüßen geht! Wissenschaftler haben daraus geschlossen, daß er wahrscheinlich im Wasser trieb, sich mit den Vorderbeinen abstieß und mit den Hinterbeinen steuerte.

Drei Gangarten.

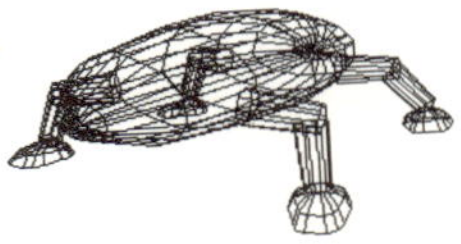

Oben: Eine Eidechse im Spreizgang. Die Beine stehen im rechten Winkel vom Körper ab; so liefen auch die frühesten Vorfahren der Dinosaurier.

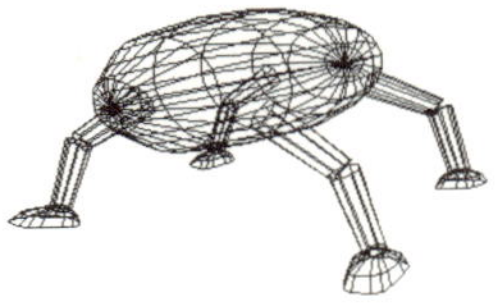

Mitte: Euparkeria. Beim halbaufrechten Gang sind die Beine ein wenig gestreckt und der Körper wird vom Boden hochgestemmt, er kann aber nur über kurze Strecken vom Tier durchgehalten werden.

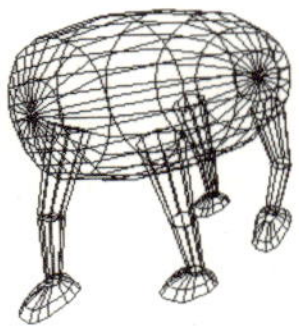

Unten: Triceratops. Voll entwickelter aufrechter Gang, die Beine stehen gerade unter dem Körper.

man sich vorstellen, welche Kraft und Energie der *Diplodocus* brauchte, um seine elf Tonnen in Bewegung zu setzen. Die Elefanten von heute haben genau dasselbe Problem, und ihre Lösung heißt Absatz; das heißt, sie haben einen Keil aus fibrösem Gewebe unter jeder Ferse. Diese Lösung hatten auch schon die Sauropoden für sich entdeckt.

Obgleich man überall auf der Erde Sauropodenspuren gefunden hat, gibt es doch nur wenige Anzeichen dafür, daß sie ihren langen Schwanz beim Laufen über den Boden schleiften.

Wir schließen daraus, daß *Diplodocus* und andere Sauropoden den Schwanz beim Laufen vom Boden abhoben. Eine kluge Entscheidung, denn ein derart schwerer Schwanz hätte sich schon nach wenigen Kilometern Marsch bis auf den Knochen durchgerieben. Die Tiere müssen Bänder und Sehnen so dick wie Schiffstrosse gehabt haben, die von den Hüftknochen aus den Schwanz durchliefen. Ähnliche Bänder und Sehnen hielten auch den langen Hals. Sie liefen durch v-förmige Kanäle oberhalb der Wirbel, die auf den Rücken- und Hüftwirbeln zu regelrechten Dornen ausgebildet waren, um der Muskulatur entsprechenden Halt geben zu können.

Die Zugkraft der Bänder in Hals und Schwanz schaffte eine ausgewogene Balance, so daß beide vom Boden ferngehalten werden konnten. Soweit wir aus ihrem Körperbau und den gefundenen Fußspuren schließen können, müssen die Sauropoden behäbige Fußgänger gewesen sein, die mit einer durchschnittlichen Geschwindigkeit von sechs km/h daherkamen, also nicht schneller als ein normal ausschreitender Mensch. Vielleicht konnten sie, wie Elefanten, im Notfall über eine kurze Strecke ein bißchen zulegen, doch der Druck auf Knochen und Gelenke wäre enorm gewesen. Wahrscheinlich verbrachten sie das ganze

Die heutigen Landtiere zeigen, welche unterschiedlichen Körperformen und Fortbewegungsarten der aufrechte Gang ermöglicht. Auch die Dinosaurier nutzten all diese Möglichkeiten, nur hüpfen wie ein Känguruh konnte wohl keine Art.

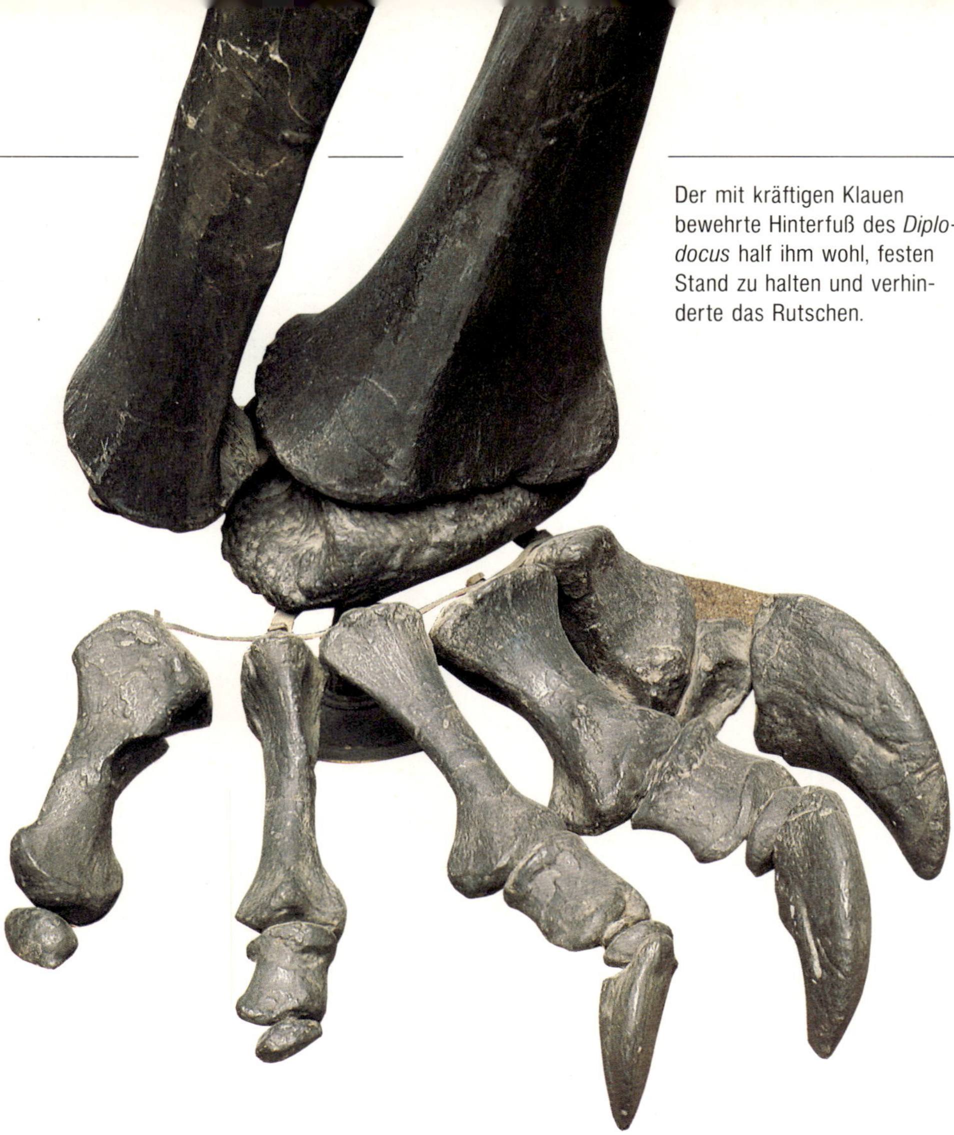

Der mit kräftigen Klauen bewehrte Hinterfuß des *Diplodocus* half ihm wohl, festen Stand zu halten und verhinderte das Rutschen.

Das Skelett des *Diplodocus* zeigt deutlich, wie der aufrechte Gang dazu dient, einen massigen, schwergewichtigen Körper zu stützen. Die Beine gleichen Säulen, die den Schultergürtel und das Becken trugen. Bänder verliefen von einem Ende der Wirbelsäule bis zum anderen, so wurden ohne Energieverlust Kopf und Schwanz hochgehalten.

Leben im gemütlichen Schlenderschritt.
Die außergewöhnliche Größe der Sauropoden führte dazu, daß in den Anfangszeiten der Saurierforschung ein paar abenteuerliche Theorien über ihre Fortbewegung entwickelt wurden. Bis in die jüngste Zeit hinein waren einige Wissenschaftlicher der Ansicht, daß ein Tier von der Größe eines *Brachiosaurus* unmöglich an Land hätte leben können; das eigene Körpergewicht hätte es erdrückt, weshalb es der Auftriebskraft des Wassers bedurft hätte. Die Tatsache, daß bei allen Sauropoden die Nasenlöcher oben auf dem Schädel liegen, schien diese Theorie zu stützen. Nun weiß man inzwischen, daß der Körperbau des *Brachiosaurus* durchaus so angelegt ist, daß er an Land hat leben können. Anders als ein Wal, der ja im Wasser schwimmt und deshalb die Auftriebskraft wirklich nutzt, hätte der *Brachiosaurus* im Wasser gestanden. Der dadurch von den Wassermassen auf die Lungen ausgeübte Druck hätte das Tier vermutlich erstickt – auch ein Wal kommt zum Atmen an die Oberfläche. In den Anfängen der Saurierforschung hielt man die Dinosaurier für gigantische Eidechsen, weshalb man sie als Spreizgänger rekonstruierte. Der Entdecker des ersten *Diplodocus* konnte allerdings nachweisen, daß das Tier als Spreizgänger einen zwei Meter tiefen Laufgraben unter seinem Bauch hätte haben müssen. Das heißt, die Sauropoden als ganzes gesehen hätten ein System von Laufgräben benötigt, ähnlich wie das Schienennetz der Straßenbahn! Diese Fehler zeigen, was für ungewöhnliche Tiere diese riesenhaften Monster waren und vor welche Probleme sie die Forscher zunächst stellten.
Heute sehen wir die Sauropoden als Beweis dafür, welche extremen Entwicklungen der aufrechte Gang ermöglicht, indem er eine Evolutionsrichtung einschlug, in der alles der schieren Größe geopfert wurde.

Oben: Früher dachte man, daß große Dinosaurier wie der *Brachiosaurus* sich nur im Wasser hätten aufhalten und fortbewegen können. *Unten:* Eine Zeitlang hielt sich auch die Vorstellung von einem spreizgängigen *Diplodocus*; er hätte allerdings für seinen Bauch einen zwei Meter tiefen Laufgraben gebraucht.

EIN ECHTER SPRINTER

Am anderen Ende der Skala steht *Hypsilophodon*. Er zeigt, wie der voll ausgebildete aufrechte Gang die Entwicklung zum Hochgeschwindigkeitsläufer erlaubt.

Hypsilophodon war ein zweibeiniger Pflanzenfresser von nur 1,5 Metern Körpergröße. An einem Fundort auf der Isle of Wight fand man rund 20 gut erhaltene Skelette beieinander. Man vermutet, daß das ganze Rudel in eine Gegend mit Treibsand geraten und darin umgekommen ist. Das hervorstechendste Merkmal des Skeletts des *Hypsilophodon* ist sein leichter Bau. Wie bei den Gazellen ist alles auf Leichtigkeit und Geschwindigkeit angelegt. Sogar die Knochen selbst sind dünnwandig und hohl – wie bei den Gazellen. Der Oberschenkelknochen des *Hypsilophodon* ist recht kurz, so daß er rasch vor- und zurückbewegt werden kann. Der Fuß dagegen ist erstaunlich lang und dünn und endet in dünnen Zehen mit kurzen, scharfen Krallen. Diese Füße gaben dem *Hypsilophodon* guten, festen Stand, aber er konnte damit auch hervorragend rennen. Der ansonsten völlig wehrlose *Hypsilophodon* schützte sich vor seinen Feinden durch die Fähigkeit, vor ihnen weglaufen zu können, wobei ihm der lange, steife Schwanz als Balancierstange diente. Es scheint erwiesen, daß er beim Laufen zusätzlich rasch die Richtung wechseln konnte, also ähnlich wie ein Hase Haken schlug.
Wie bei den Sauropoden wurde auch die Fortbewegungsart des *Hypsilophodon* zunächst falsch interpretiert. Die Wissenschaftler glaubten anfangs, daß der große Zeh in Gegenrichtung zu den übrigen gestanden hätte, wie die Zehen eines Vogels. Sie hielten *Hypsilophodon* deshalb auch für einen Baumbewohner, der den Schwanz benutzte, um die Balance zu halten, ähnlich wie das australische Baumkänguruh. Tatsächlich zeigt uns *Hypsilophodon*, wie der aufrechte Gang kleine, sonst unbewaffnete Dinosaurier befähigte, sich durch Geschwindigkeit vor ihren Feinden zu schützen.

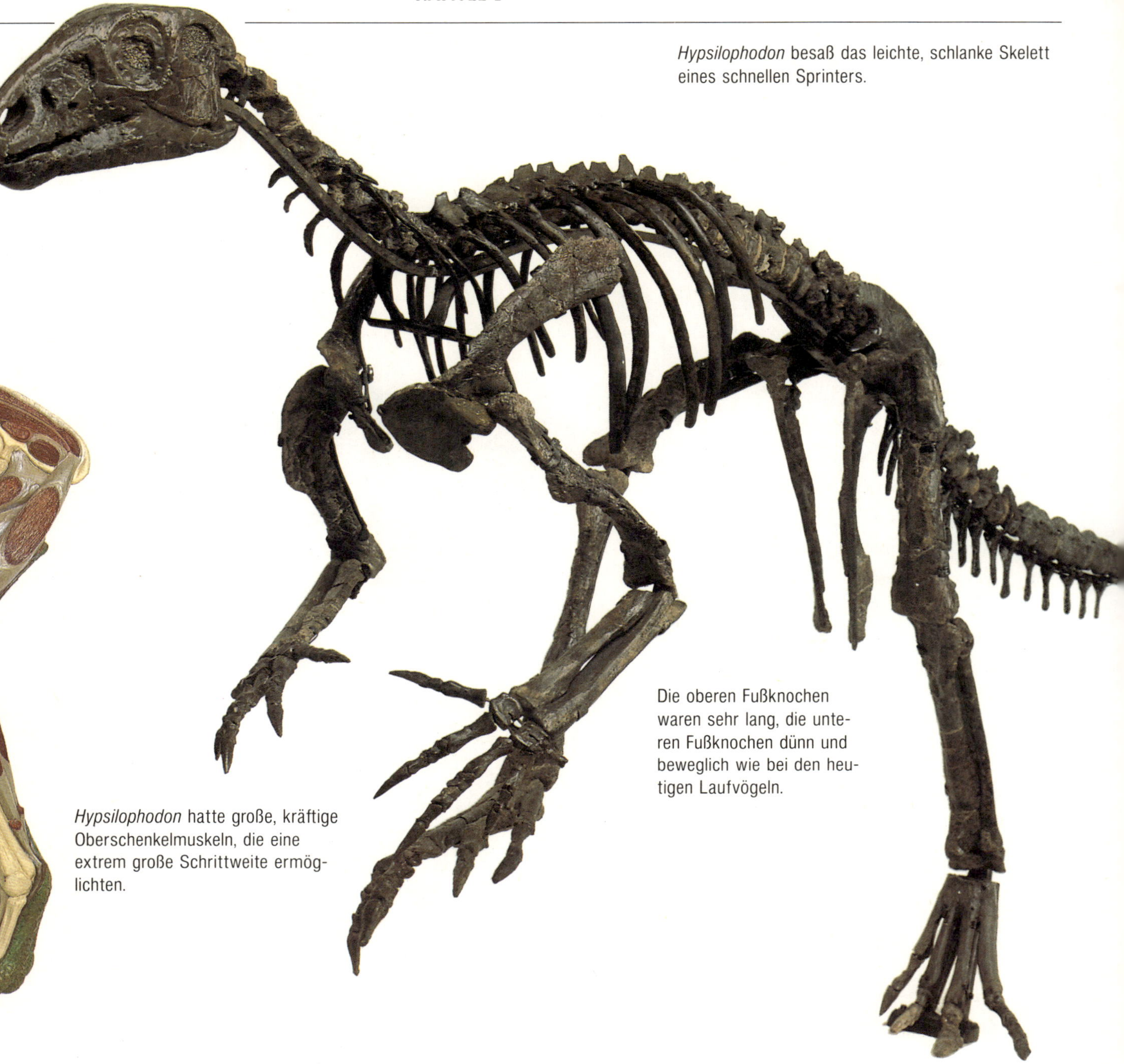

Hypsilophodon besaß das leichte, schlanke Skelett eines schnellen Sprinters.

Die oberen Fußknochen waren sehr lang, die unteren Fußknochen dünn und beweglich wie bei den heutigen Laufvögeln.

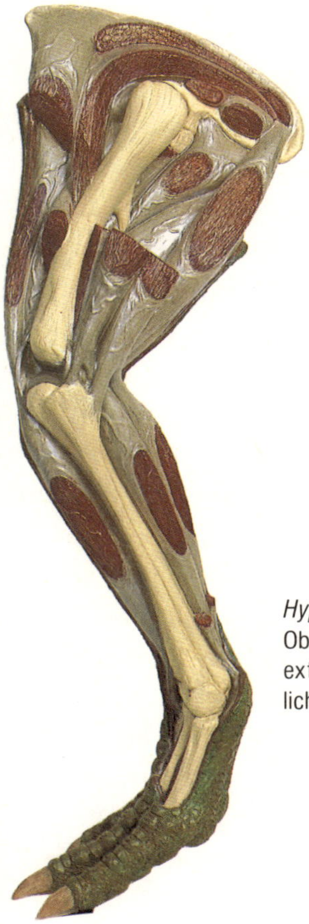

Hypsilophodon hatte große, kräftige Oberschenkelmuskeln, die eine extrem große Schrittweite ermöglichten.

Die Computersimulation zeigt den Bewegungsablauf eines mit weiten Schritten laufenden *Hypsilophodon*.

ZWEI ODER VIER BEINE

Diplodocus ging auf vier Beinen und Hypsilophodon rannte auf zweien, aber es gab auch Dinosaurier, die beide Fortbewegungsarten beherrschten, ähnlich wie neuzeitliche Bären. Diese Flexibilität hatte wiederum andere Vorteile. Durch die Möglichkeit, sich auf die Hinterbeine zu erheben, konnten sie die Baumwipfel erreichen und in ihnen äsen, und sie konnten die Arme im Kampf einsetzen. Sie konnten gemütlich auf allen vieren gehen und am Boden grasen und, wenn Gefahr im Verzug war, auf zwei Beinen davonrennen.

Iguanodon ist das bekannteste Beispiel eines Dinosauriers, der den aufrechten Gang in dieser Weise nutzte. Nahe verwandt mit *Hypsilophodon* war *Iguanodon* sehr viel größer und schwerer. Ein ausgewachsenes Tier erreichte bis zu zehn Meter Länge und wog gut vier Tonnen. Die Grundstruktur des Skeletts ähnelte dem des *Hypsilophodon*, doch die Proportionen waren andere. Der Schenkelknochen war schwer und lang, der Mittelfuß dagegen kurz, was ihm einerseits die Kraft gab, den schweren Körper zu tragen, andererseits seine Geschwindigkeit bremste. Die Dornenfortsätze der Wirbel waren breiter und länger, und verknöcherte Bänder zogen sich über die ganze Länge der Wirbelsäule, was dem Rückgrat Kraft gab, das Gewicht der Muskeln zu tragen. Seit man das erste Skelett eines *Iguanodon* gefunden hat, wurde darüber diskutiert, welche Körperhaltung diese Tiere normalerweise einnahmen. Standen sie auf allen vieren wie eine Eidechse oder auf zwei Beinen wie ein Känguruh? Die meisten Wissenschaftler nehmen heute an, daß *Iguanodon* mit fast horizontal liegendem Rückgrat lief, wobei die Hinterbeine die Hauptbelastung trugen, daß er aber oft auf allen vier Beinen ging, um sich beim Fressen oder Ruhen abzustützen.

Die Arme des *Iguanodon* sind bemerkenswert und zeigen wiederum, wie anpassungsfähig der aufrechte Gang macht. Von mächtigen Schulterknochen gehalten, waren die Arme lang und kräftig und mit dicken Mus-

Aus dem Fußskelett des *Hypsilophodon* schloß man einst, er hätte wie ein neuzeitliches australisches Baumkänguruh auf Bäumen gelebt. Heute weiß man, daß diese Vorstellung falsch sein muß.

Knöcherne Bänder, die über die ganze Länge des Rückgrats von *Iguanodon* liefen, gaben dem Körper Halt. *Iguanodon* konnte auf zwei und auf vier Beinen laufen.

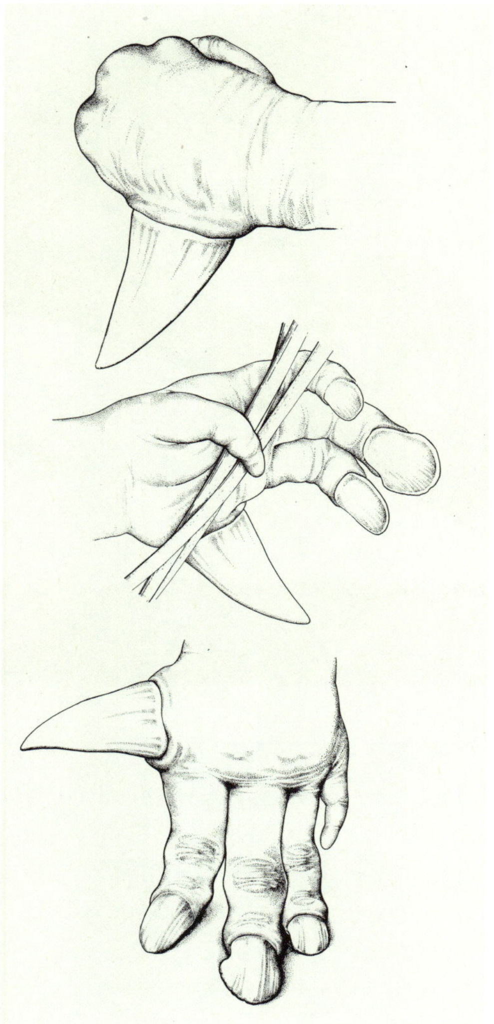

kelpaketen bedeckt. Die fünf Handgelenkknochen waren verwachsen, was die Hände ziemlich starr machte, ganz anders als die beweglichen Knochen des *Hypsilophodon*. Auch die drei Mittelfinger waren steif, aber sehr stark und endeten in kurzen, stumpfen Hufen. Beim Laufen auf allen vieren spreizten sie sich leicht auseinander. Der Daumen war ein spitz zulaufender Dorn; eine gefährliche Stoßwaffe, wenn *Iguanodon* sich auf die Hinterbeine aufrichtete. Der fünfte Finger war schwächer, aber beweglicher als die anderen und konnte wie ein Haken benutzt werden, um Futter zu greifen.

Links: Iguanodon hatte eine vielfältig einsetzbare Hand. Der Daumen besaß einen festen Dorn, der als Stoßwaffe diente, die drei Mittelfinger trugen abgerundete Hufe zum Laufen, mit dem flexiblen kleinen Finger konnte das Tier greifen.

Unten: Wenn *Iguanodon* sich aufrichtete, konnte er seinen Daumensporn als sehr wirksame Waffe einsetzen – wie hier im Kampf gegen einen mächtigen Allosaurier.

DIE GROSSEN JÄGER

Von allen Dinosauriern geben die großen Fleischfresser wie *Albertosaurus* und *Tyrannosaurus* den Forschern die meisten Rätsel auf. Zwar herrscht Übereinstimmung dahingehend, daß auch sie den voll entwickelten aufrechten Gang hatten, daß sie Zweibeiner waren und eine beachtliche Größe erreichten – ein ausgewachsener *Tyrannosaurus* wog etwa sieben Tonnen –, doch darüber hinaus gibt es wenig Einigkeit. Die einen halten sie für behäbige Aasfresser, die anderen für flinke Jäger. Dabei ziehen beide Gruppen oft dieselben Merkmale zur Stützung ihrer jeweiligen These heran. Diese Kontroverse zeigt deutlich, wie wenig wir wirklich über die Dinosaurier wissen. Wie bei allen Dinosauriern beginnt man auch hier mit dem Studium des Skeletts. Im Fall des *Tyrannosaurus* ist es massig und schwer, vor allem die Wirbel sind kompakt; Becken und Schenkelknochen sind massig, um den Muskelpaketen und Sehnen den nötigen Halt zu geben. Die Mittelhandknochen der kurzen Arme sind verwachsen, was einen extrem starken Knochen

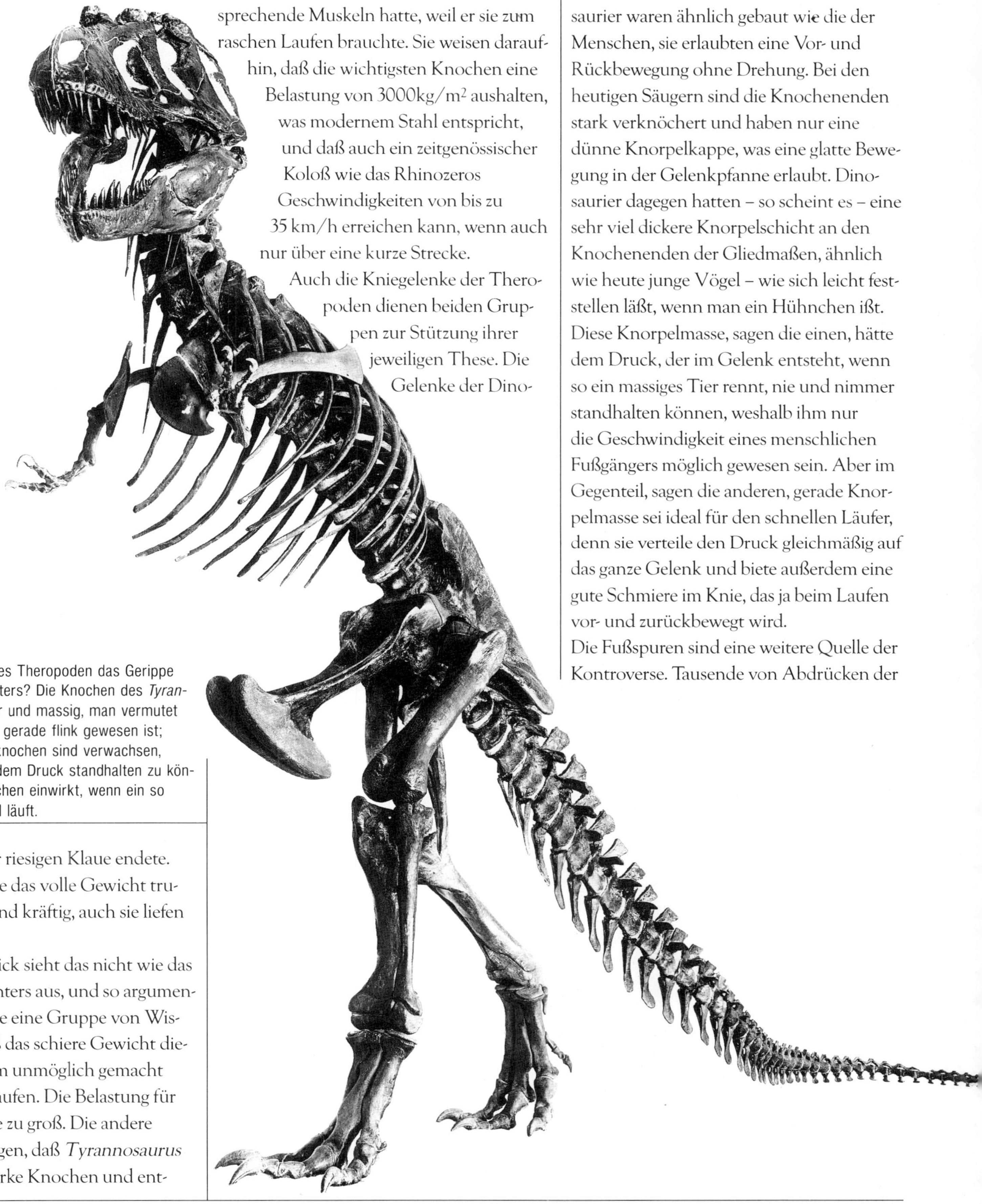

Ist dieses Skelett eines Theropoden das Gerippe eines schnellen Sprinters? Die Knochen des *Tyrannosaurus* sind schwer und massig, man vermutet deshalb, daß er nicht gerade flink gewesen ist; doch die oberen Fußknochen sind verwachsen, möglicherweise, um dem Druck standhalten zu können, der auf die Knochen einwirkt, wenn ein so schweres Tier schnell läuft.

ergibt, der in einer riesigen Klaue endete. Die drei Zehen, die das volle Gewicht trugen, waren kurz und kräftig, auch sie liefen in Klauen aus.

Auf den ersten Blick sieht das nicht wie das Skelett eines Sprinters aus, und so argumentiert denn auch die eine Gruppe von Wissenschaftlern, daß das schiere Gewicht dieses Kolosses es ihm unmöglich gemacht hätte, schnell zu laufen. Die Belastung für die Knochen wäre zu groß. Die andere Gruppe hält dagegen, daß *Tyrannosaurus* nur deshalb so starke Knochen und entsprechende Muskeln hatte, weil er sie zum raschen Laufen brauchte. Sie weisen daraufhin, daß die wichtigsten Knochen eine Belastung von 3000kg/m^2 aushalten, was modernem Stahl entspricht, und daß auch ein zeitgenössischer Koloß wie das Rhinozeros Geschwindigkeiten von bis zu 35 km/h erreichen kann, wenn auch nur über eine kurze Strecke.

Auch die Kniegelenke der Theropoden dienen beiden Gruppen zur Stützung ihrer jeweiligen These. Die Gelenke der Dinosaurier waren ähnlich gebaut wie die der Menschen, sie erlaubten eine Vor- und Rückbewegung ohne Drehung. Bei den heutigen Säugern sind die Knochenenden stark verknöchert und haben nur eine dünne Knorpelkappe, was eine glatte Bewegung in der Gelenkpfanne erlaubt. Dinosaurier dagegen hatten – so scheint es – eine sehr viel dickere Knorpelschicht an den Knochenenden der Gliedmaßen, ähnlich wie heute junge Vögel – wie sich leicht feststellen läßt, wenn man ein Hühnchen ißt. Diese Knorpelmasse, sagen die einen, hätte dem Druck, der im Gelenk entsteht, wenn so ein massiges Tier rennt, nie und nimmer standhalten können, weshalb ihm nur die Geschwindigkeit eines menschlichen Fußgängers möglich gewesen sein. Aber im Gegenteil, sagen die anderen, gerade Knorpelmasse sei ideal für den schnellen Läufer, denn sie verteile den Druck gleichmäßig auf das ganze Gelenk und biete außerdem eine gute Schmiere im Knie, das ja beim Laufen vor- und zurückbewegt wird.

Die Fußspuren sind eine weitere Quelle der Kontroverse. Tausende von Abdrücken der

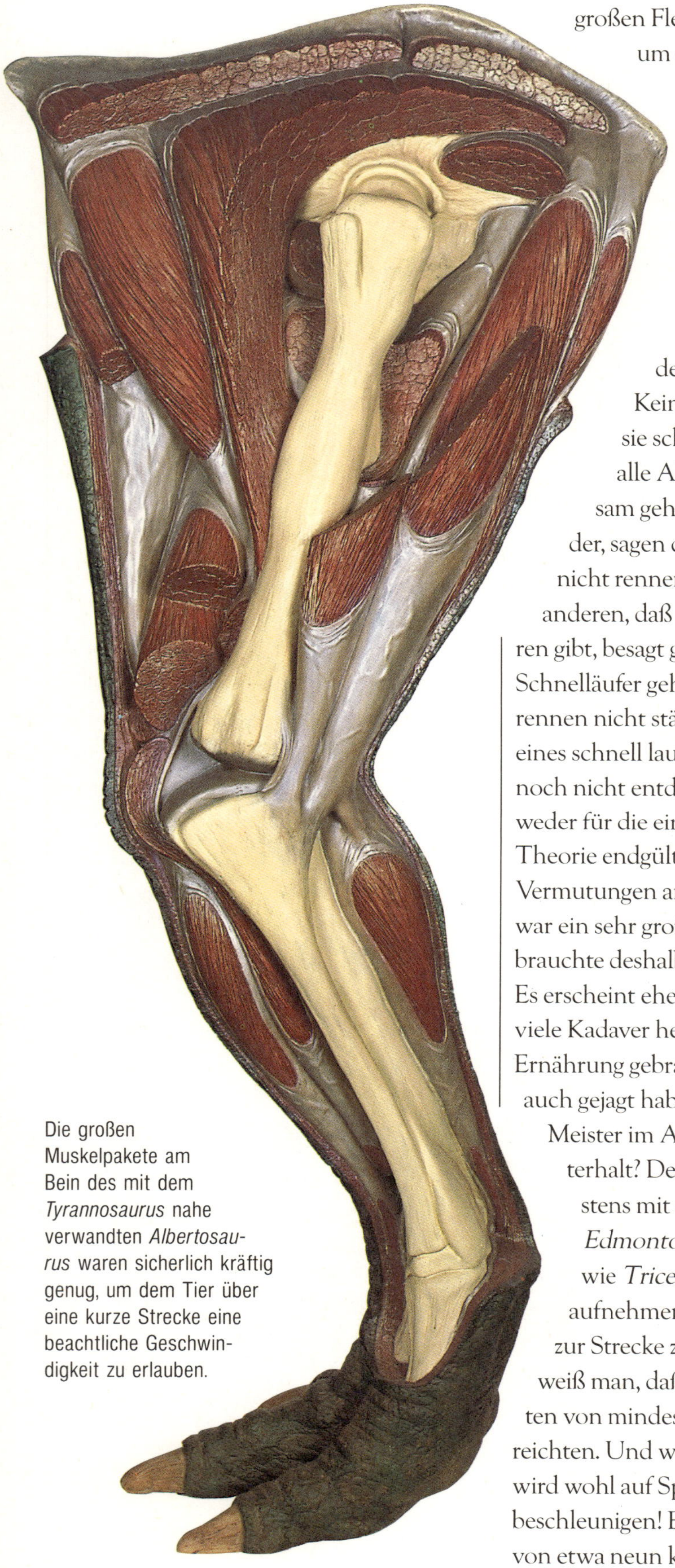

Die großen Muskelpakete am Bein des mit dem *Tyrannosaurus* nahe verwandten *Albertosaurus* waren sicherlich kräftig genug, um dem Tier über eine kurze Strecke eine beachtliche Geschwindigkeit zu erlauben.

großen Fleischfresser hat man rund um den Erdball gefunden. Sie zeigen, daß diese Tiere selten in Gruppen unterwegs waren, daß sie auf Zehenspitzen liefen und wahrscheinlich einen etwas O-beinigen Gang hatten, damit sie sich beim Laufen nicht ständig die Knie in den eigenen Bauch rammten. Keine der Spuren beweist, daß sie schnell laufen konnten, denn alle Abdrücke stammen von langsam gehenden Tieren. Kein Wunder, sagen die einen – sie konnten eben nicht rennen. Nein, nein sagen die anderen, daß es keine fossilen Rennspuren gibt, besagt gar nichts – auch moderne Schnelläufer gehen meistens langsam und rennen nicht ständig. Vielleicht ist die Spur eines schnell laufenden *Tyrannosaurus* nur noch nicht entdeckt worden. Bisher gibt es weder für die eine, noch für die andere Theorie endgültige Beweise, wir sind auf Vermutungen angewiesen. *Tyrannosaurus* war ein sehr großer Fleischfresser und brauchte deshalb große Mengen Fleisch. Es erscheint eher unwahrscheinlich, daß so viele Kadaver herumlagen, wie er für seine Ernährung gebraucht hätte. Er wird also auch gejagt haben. Vielleicht war er ein Meister im Anschleichen aus dem Hinterhalt? Dennoch hätte er es wenigstens mit solchen Hadrosauriern wie *Edmontosaurus* oder Ceratopsiern wie *Triceratops* an Geschwindigkeit aufnehmen können müssen, um sie zur Strecke zu bringen. Und von diesen weiß man, daß sie Spitzengeschwindigkeiten von mindestens 14 bis 20 km/h erreichten. Und wer ums nackte Leben rennt, wird wohl auf Spitzengeschwindigkeit beschleunigen! Eine Laufgeschwindigkeit von etwa neun km/h scheint für einen *Tyrannosaurus* nicht ausgeschlossen, obwohl ein kleinerer Fleischfresser wie *Scartopus* – der uns sogar nur von seiner Fußspur bekannt ist – eine Geschwindigkeit von bis zu 16 km/h erreichte. Die großen Fleischfresser zeigen demnach eine weitere Anpassung, die durch den aufrechten Gang möglich wurde: ein massiger Körper, der dennoch eine ansehnliche Geschwindigkeit bei der Fortbewegung zuläßt.

FUSSABDRÜCKE IM FELS

Fußabdrücke sind unverzichtbar für das Verständnis der Lebensweise der Dinosaurier. Manchmal finden sich sogar Spuren, die ein ganzes Ereignis wie auf einem Bild festhalten. Ein solches Spurenmuster fand man in Lark Quarry in Australien; man nimmt an, daß es von einer flüchtenden Saurierherde stammt. Die Spuren entstanden in der unteren Kreide. Erhalten geblieben ist ein Areal von 209 m^2, das wohl das Ufer und Bett eines kleinen Flusses oder Sees bildete und schlammig genug war, die Spuren aufzunehmen. Etwa 150 Pflanzen- und kleine Fleischfresser mußten sich hier versammelt haben – vielleicht, um an der Wasserstelle zu trinken. Die Pflanzenfresser müssen in der Überzahl gewesen sein, weil die Fleischfresser sie unbehelligt ließen, doch müssen beide Gruppen sich aus einem gewissen Abstand heraus vorsichtig beäugt haben. Von Norden her muß sich

Obgleich gewöhnlich ein gemächlicher Geher, kann der Komodowaran bei der Verfolgung einer Beute 14 bis 18 km/h erreichen. Auch die großen Theropoden mußten mindestens so schnell laufen können wie ihre Beute.

Oben und rechts: Spuren aus Lark Quarry in Australien zeigen Fußabdrücke eines großen Jägers, die von den Fußspuren kleinerer Dinosaurier überlagert sind. Die Computersimulation zeigt die Schichtung der Fußspuren und die daraus folgende Rekonstruktion der Ereignisse: Kleine Dinosaurier versammeln sich an der Wasserstelle. Ein großer Fleischfresser nähert sich von Norden. Die kleinen Dinosaurier flüchten in Panik auf den Fleischfresser zu; eine Menge kleiner und größerer Abdrücke bleibt zurück.

ein mindestens 2,6 Meter großer Fleischfresser genähert haben – vier langsame Schritte sind von ihm erhalten. Dann scheint er die Gruppe gesehen zu haben und machte fünf schnellere Schritte auf Zehenspitzen, dann eine Wendung. In diesem Augenblick müssen ihn Tiere von der Wasserstelle bemerkt haben, und sofort kommt es zur Stampede; alle Tiere rennen in Panik auf den großen Fleischfresser zu. Warum sie zu ihm hinrennen, können wir nur vermuten. Vielleicht war die Wasserstelle ein tiefer See? Vielleicht hatte sich von der anderen Seite ein zweiter Fleischfresser genähert, dessen Spuren nicht erhalten sind?

Die Art der Fortbewegung der Dinosaurier war letztlich entscheidend für ihren Erfolg. Im frühesten Stadium ihrer Entwicklung war sie das einzige, was sie von den anderen Landtieren unterschied, mit denen sie in Konkurrenz standen. Später erweis sich der aufrechte Gang als Ausgangspunkt für eine Weiterentwicklung, die mehr Formen und Arten hervorbrachte, als es je zuvor einer Gruppe von Landtieren gelungen war. Die Vielfalt der Dinosaurier ist bis heute nur von den Säugetieren übertroffen worden, die alle Lebensräume für sich eroberten, denn es gibt solche, die unter der Erde leben, es gibt fliegende und schwimmende Säuger; keine Dinosaurierart, von der wir wissen, lebte unter der Erde, kein Dinosaurier erhob sich in die Lüfte, und keiner eroberte sich das Wasser als Lebensraum.

ERNÄH

3 Genau wie für die heute lebenden Tiere bildeten auch für die Dinosaurier die Pflanzen die Grundlage der Nahrungskette. Die pflanzenfressenden Tiere waren wiederum die Beute der Jäger und

RUNG

3

Aasfresser. Einige Dinosaurier hatten eine ganz besondere Ausstattung wie Greifhände, bewegliche Klauen und Magensteine, um ihre Nahrung zu fangen und zu verdauen.

Tiere fressen entweder Pflanzen oder andere Tiere. Der Pflanzenfresser kommt zwar leicht an seine Nahrung, aber sie ist schwer verdaulich, da sie hauptsächlich aus Zellulose besteht. Damit ein Pflanzenfresser genügend Nährstoffe bekommt, braucht er ein sehr ausgeklügeltes Verdauungssystem. Fleischfresser haben es leichter, ihre Nahrung in Energie umzuwandeln, denn Fleisch und Fett sind hochwertige Nahrungsmittel, die sich mit Hilfe von Magensäure und Enzymen leicht verdauen lassen. Dafür haben Fleischfresser das Problem, daß ihre Nahrung sich aus dem Staub machen oder zur Wehr setzen könnte. Sie müssen sie also erst mühsam jagen und dann auch noch rasch verzehren, ehe ein anderer sie ihnen wegschnappt oder sie verdirbt.

Die meisten Dinosaurier waren entweder Fleisch- oder Pflanzenfresser – Allesfresser waren selten unter ihnen. Die fossilen Kieferknochen und Zähne geben uns Auskunft darüber, wie die Dinosaurier ihre Nahrung kauten, und wir wissen auch, was es so zu fressen gab (siehe Kapitel 1). Darüber hinaus freilich herrscht sehr viel Unsicherheit. Schließlich sind es die weichen inneren Organe wie Magen und Darm, die meist als erste verwesen oder gefressen werden, wenn ein Tier verendet, und so hat man bisher kein einziges fossiles Verdauungssystem eines Dinosauriers gefunden. Wir können lediglich anhand von dem, was wir an heute lebenden Tieren beobachten, Rückschlüsse ziehen.

EINE TONNE GRÜNFUTTER TÄGLICH

Die riesigsten unter den Dinosauriern waren die herbivoren Sauropoden, die im Jura lebten. Um sich die benötigte Energie einzuverleiben, mußten diese Giganten ungeheure Mengen von Pflanzen verzehren. Der größte heute lebende Pflanzenfresser ist der afrikanische Elefant, der etwa 185 Kilogramm Futter täglich braucht; das entspricht drei Prozent seines Eigengewichts. Wenn wir diese Rate zugrunde legen, dann hätte der 30 Tonnen schwere *Brachiosaurus* täglich eine Tonne Grünfutter weggeputzt. Und das mit einem kleinen Maul in einem nur 75 Zentimeter langen Kopf – nicht wesentlich größer als ein durchschnittlicher Pferdekopf – und ohne Mahlzähne! *Diplodocus* beispielsweise hatte nichts weiter als eine Reihe bleistiftdünner Zähne vorne im Maul. Ausgestattet mit solchem Freßwerkzeug hätte er nur zarte Wasserpflanzen in der Menge verschlingen können, die er zum Überleben brauchte, meinten die Wissenschaftler lange Zeit. Warum aber hatten die meisten Sauropoden derart lange Hälse – der des *Mamenchisaurus* war elf Meter lang! –, wenn sie doch nur in Höhe der Wasseroberfläche ästen? Heute nimmt

Links: Diese festen Schneidezähne des *Pelorosaurus*, eines Sauropoden, zeigen, wie der äußere Schmelz durch ständiges Kauen abgenutzt wurde. *Rechts:* Die schmalen, bleistiftdünnen Zähne des *Diplodocus* waren gut geeignet, um Blätter von den Zweigen zu streifen. Die Nasenlöcher des *Diplodocus* saßen oben auf dem Schädel, vielleicht damit sich ihm beim Fressen keine abstehenden Zweige hineinbohren konnten.

(Abbildung Seite 32/33) Ein allein jagender *Allosaurus* greift einen jungen *Diplodocus* an, der ihm für einige Tage Nahrung bieten wird.

man an, daß sich die Sauropoden von den Blättern und jungen Trieben in den Baumkronen ernährten, die, jede Giraffe kann uns das bestätigen, nicht nur sehr zart sind, sondern auch denen vorbehalten bleiben, die einen langen Hals haben.
Trotzdem bleibt die Frage, wie konnten solche Mengen von Grünzeug gefressen und ohne ein angemessenes Gebiß verdaut werden? Nun mag das Leben der Sauropoden wohl so etwas wie ein einziges langes Fressen gewesen sein, doch liegt die eigentliche Antwort in den glattgeschliffenen Steinen, die man gelegentlich bei den fossilen Sauropoden fand. Diese Gastrolithen oder Magensteine genannten Kiesel sind aus dem Material der verschiedenen in der jeweiligen Gegend anstehenden Gesteine. Gastrolithen befinden sich auch im Muskelmagen heute lebender Vögel. Dieser muskulöse Sack ist Teil ihres Verdauungsapparates; sie füllen ihn mit Sand und Steinchen, die wie kleine Mühlsteine arbeiten. Was der Vogel frißt, wandert zunächst in seinen Drüsenmagen und von dort in den kräftigen Muskelmagen. Im Darm wird der hier durch die Muskelkontraktionen gebildete Speisebrei von Bakterien weiter in seine Bestandteile zerlegt, und es werden ihm die Nährstoffe entzogen. Ein solcher Kau- oder Muskelmagen ist ausgezeichnet geeeignet, um alle möglichen harten Materialien zu verarbeiten. Enten können damit die Schalen von Muscheln aufbrechen, während in den Tropen beheimatete Tauben damit am Stück verschluckte Nüsse und Samen klein kriegen. Genauso müssen die großen Sauropoden die tägliche Tonne Grünzeug verarbeitet haben, die sie von den Bäumen zupften und, ohne zu kauen, hinunterschlangen.

Wenn wir die heutige Tierwelt als Beispiel heranziehen, dann dürfen wir annehmen, daß die Dinosaurier genauso wählerisch waren, was ihre Gastrolithen angeht, wie die Vögel von heute, denen die härtesten Steine, wie etwa Quarze, am liebsten sind, weil sie sich am wenigsten rasch abnutzen. Um diese zu finden, nehmen sie lange Wege in Kauf. Auch die Gastrolithen, die bei Dinosauriern gefunden wurden, stammen von Orten, die weit vom Sterbeort der Dinosaurier entfernt lagen. Bei einem in Simbabwe entdeckten Skelett eines *Massospondylus* fand man Steine, die aus einer Entfernung von mindestens 20 Kilometern stammten.
Sicher ist, daß ein großer Sauropode im Laufe eines Jahres eine beachtliche Menge von Gastrolithen verbrauchte. In Nordamerika fand man ein Exemplar eines *Barosaurus*, das 46 polierte Steine zwischen den Rippen liegen hatte. Wenn die Magensteine eines Vogels zu glatt werden und nicht mehr gut funktionieren, würgt er sie aus und verschluckt neue. Man stelle sich eine ruhige, stille Landschaft vor, in der friedlich äsende Dinosaurier stehen, und plötzlich zerreißt ein merkwürdig gurgelndes oder zischendes Geräusch die Luft: ein hungriger Sauropode, der durch die ganze Länge seines Halses eine stattliche Anzahl abgenutzter Steine hochwürgt und ausspuckt!

Vögel haben einen Muskelmagen, den sie sich mit Steinchen füllen, zwischen denen die aufgenommene Nahrung durch Muskelkontraktionen zerquetscht wird. Magensteine (Gastrolithen) fand man auch nahe bei oder direkt zwischen den Rippen von fossilen Sauropoden und Psittacosauriern.

ZERSTÜCKELN UND ZERMAHLEN

Neben den Sauropoden gab es aber noch andere Pflanzenfresser unter den Dinosauriern. Sie hatten keine Muskelmägen, mußten ihre Pflanzennahrung also mit den breitflächigen Mahlzähnen in ihrem Kiefer zerkleinern, wie es die heutigen grasenden Säugetiere tun. Zwei Arten zeigen besonders deutlich, wie hervorragend manche Dinosaurier ihre pflanzlichen Nahrungsquellen zu nutzen wußten.

Edmontosaurus war ein in Herden lebender Hadrosaurier der späten Kreide. Zu dieser Zeit waren die Farne, Zykadeen und Schachtelhalme der früheren Erdzeitepochen bereits von blühenden Laubbäumen und Buschpflanzen verdrängt worden. Koniferen mit harten Nadeln kamen jedoch sehr häufig vor. *Edmontosaurus* hatte einen breiten, flachen, mit Horn bedeckten, entenähnlichen Schnabel, mit dem er Blätter abreißen und -schneiden konnte. Mit seiner kräftigen Zunge schob er das Pflanzenfutter tiefer nach hinten in sein Maul, wo ganze Batterien von Backenzähnen ein effektvolles Mahlwerk bildeten. Die oberen Backenzähne paßten nicht nur genau auf die Zähne im Unterkiefer, sie wuchsen auch ständig nach, so daß die Zahnreihen sich unablässig erneuerten. Das allein schon wären hervorragende Kauwerkzeuge gewesen, aber *Edmontosaurus* hatte noch ein paar raffinierte Ergänzungen entwickelt. Zum ersten hatte er Backen, wie die meisten anderen Pflanzenfresser auch. Das scheint nichts Besonderes zu sein, doch muß man bedenken, daß kein anderes Reptil über dieses vorteilhafte Detail verfügt. Wenn eine Schildkröte einen Grashalm frißt, fällt rechts und links mindestens die Hälfte davon auf den Boden und geht ihr verloren – eben weil sie keine Backen hat, in denen sie den Halm verstauen kann. Ohne Backen, die dafür sorgen, daß die Nahrung solange im Mund bleiben kann, bis sie durchgekaut ist, wäre ein Kauapparat mit Mahlzähnen wie der des *Edmontosaurus* sinnlos. Zum zweiten hatten die Zähne rauhe, geriffelte Oberflächen, die dadurch entstanden, daß sich der äußere Schmelz der Zähne weniger rasch abnutzte als der innere Kern aus Dentin, so konnten die Zähne am Rand schneiden und auf der Innenfläche zermahlen. Schließlich hatte *Edmontosaurus* ein besonders zum Kauen geeignetes Kiefergelenk. Wenn Menschen etwas kauen, bewegen sie den Unterkiefer leicht hin und her, wodurch die Backenzähne gegeneinander reiben. Beim *Edmontosaurus* waren Ober- und Unterkiefer durch starke Muskelstränge verbunden, die unterhalb der Augen verliefen.
Da der Oberkiefer ein wenig breiter war, bewegte sich der Unterkiefer leicht versetzt gegenüber dem Oberkiefer, wenn er fest zubiß. So wurde das Futter zugleich zerschnitten und zermahlen. Die Analyse des Mageninhalts eines besonders gut erhaltenen Exemplars zeigt, daß Hadrosaurier unter anderem auch Rinde, Pinienzapfen, Zweige und besonders harte Nadeln von Koniferen verzehrten – Dinge, denen kein anderer Dinosaurier beigekommen wäre. So wie *Brachiosaurus* die höchsten Baumwipfel für sich hatte, konnten *Edmontosaurus* und seine nahen Verwandten auf Nahrungsmittel zurückgreifen, die niemand ihnen streitig machte.
Eine weitere Art der Spezialisierung entwickelten *Protoceratops* und andere Ceratopsier. Sie hatten vorn am Maul einen scharfen, schmalen Schnabel, mit dem sie Triebe und Blätter abzwicken konnten.
Die wie Scheren funktionierenden Zahnreihen hinten im Maul arbeiteten als Schneidewerkzeug, so daß das Grünfutter wie

Die Zahnbatterien im Ober- und Unterkiefer arbeiteten wie eine einzige große Reibfläche, zwischen der die härtesten Pflanzenteile zermahlen werden konnten.

geheckselt war, ehe *Protoceratops* es verschluckte. Das war eine geeignete Methode, um tief am Boden wachsenden, faserigen Pflanzen wie Zykadeen und Palmengewächsen beizukommen, von denen sich *Protoceratops* wahrscheinlich ernährte. *Brachiosaurus, Edmontosaurus* und *Protoceratops* zeigen also drei verschiedene von Pflanzenfressern eingesetzte Strategien, um im Kampf um die Nahrung erfolgreich zu sein. Die Form des Mundes und der Kiefer gibt uns Anhaltspunkte dafür, welche Strategie der eine oder andere Dinosaurier vor allem einsetzte. Ein Ankylosaurier wie *Euoplocephalus* mit seinem sehr breiten, flachen Maul kümmerte sich wahrscheinlich wenig darum, ob er Blätter oder ganze Zweige erwischte, sobald er einen zum Fressen geeigneten Busch gefunden hatte. Kleine Ornithopoden wie *Hypsilophodon* mit ihrem schmalen Maul waren dagegen wohl in der Lage, eine sehr gezielte Auswahl

Diese Draufsicht auf den durchschnittenen Schädel des *Edmontosaurus* zeigt den Kauvorgang:

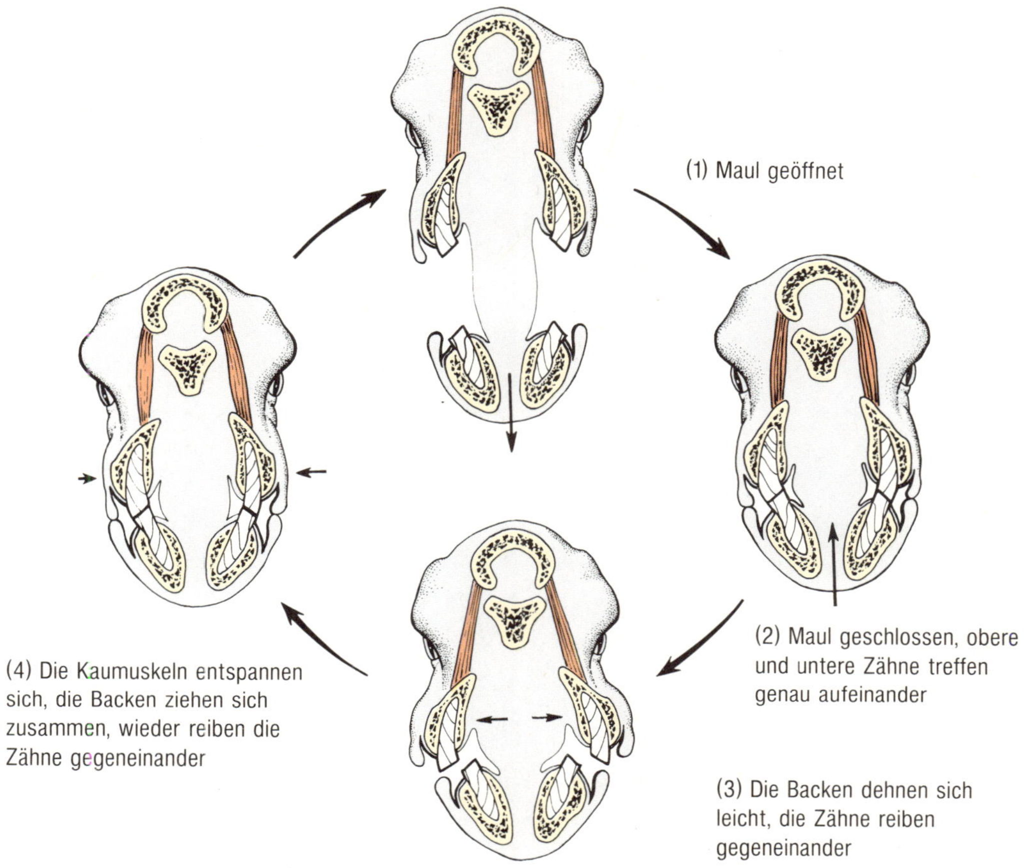

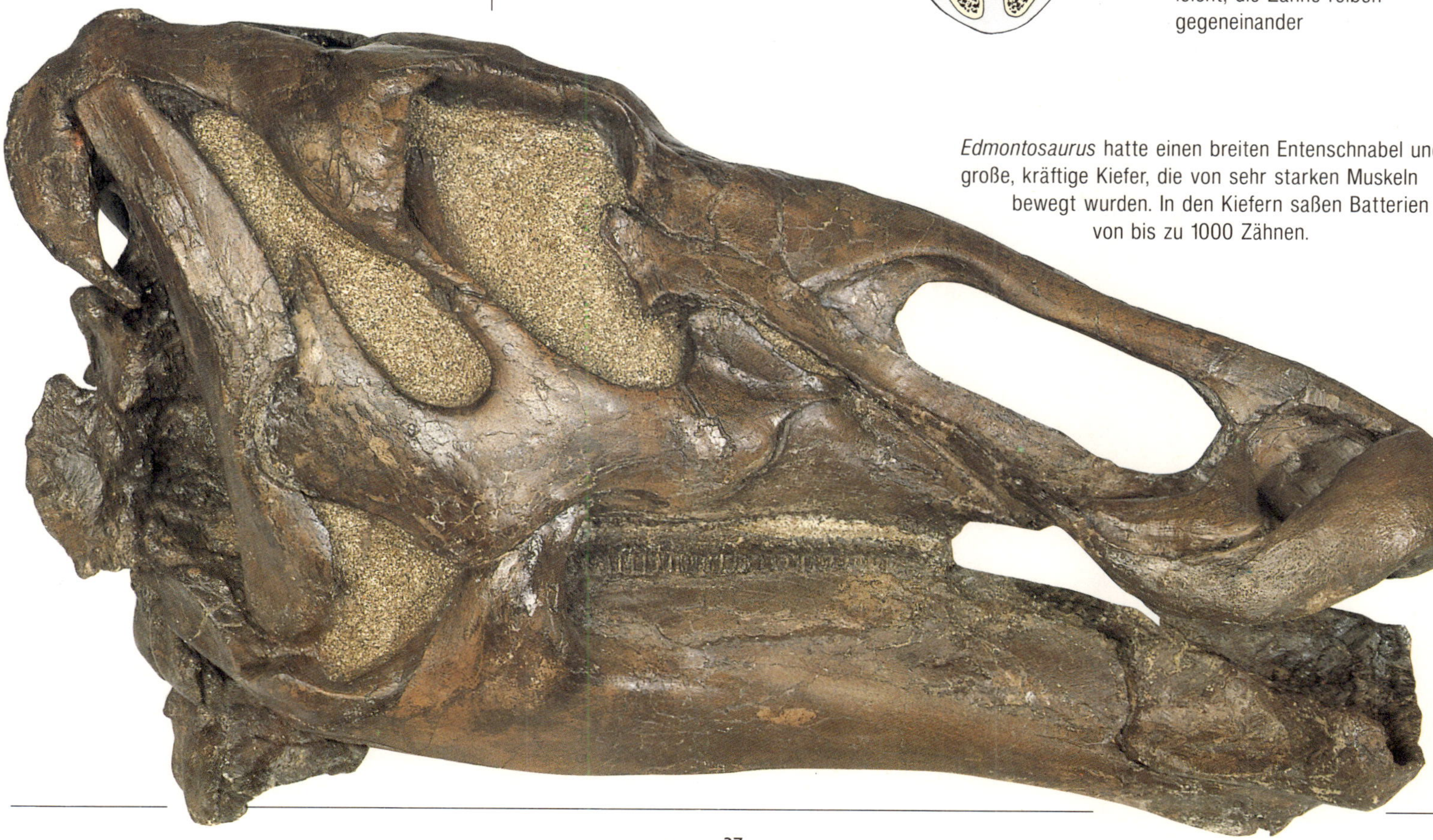

Edmontosaurus hatte einen breiten Entenschnabel und große, kräftige Kiefer, die von sehr starken Muskeln bewegt wurden. In den Kiefern saßen Batterien von bis zu 1000 Zähnen.

unter den Blättern zu treffen. Die Tiere unserer Zeit machen es nicht anders. Ein afrikanischer Büffel mit seinem breiten Kiefer geht anders vor als eine Antilope, die neben ihm auf der Weide steht.

Manche Dinosaurier haben so eigenwillig geformte Mäuler, daß wir noch immer nicht mit Bestimmtheit sagen können, was und wie sie gefressen haben. Die Kiefer des *Oviraptor* zum Beispiel hatten wahrscheinlich eine Hornscheide, ähnlich dem Schnabel eines Vogels. Er hatte keine Zähne, aber im Gaumen saßen zwei knochige, zahnähnliche Dornen. Der leicht gebogene Unterkiefer muß dem Biß des *Oviraptor* enorme Kraft gegeben haben. Benutzte er seine Freßwerkzeuge, um die Eier anderer Dinosaurier aufzubrechen? Das erste Exemplar dieser Art, das man entdeckte, lag über einem Nest mit Eiern des *Protoceratops*, weshalb man diesen Dinosaurier *Oviraptor* nannte, was so viel wie Eierdieb heißt. Einige zeitgenössische Tiere, darunter Schlangen, Wiesel und Vögel, ernähren sich auch von Eiern, doch kaum ein Tier wählt sie sich zur alleinigen Nahrungsquelle, denn es gibt einfach nicht das ganze Jahr hindurch genug Eier. Wenn also *Oviraptor* allein von Eiern anderer Dinosaurier gelebt haben sollte, dann würde das heißen, daß das ganze Jahr über Brutsaison herrschte und genügend unbewachte Nester zu finden waren. Einige Wissenschaftler nehmen an, daß *Oviraptor* auch Muscheln aus Flachwässern fischte oder Nußschalen aufknacken konnte. Wovon auch immer *Oviraptor* sich ernährte, seine speziell ausgebildeten Kiefer erlaubten ihm Zugang zu einer Nahrung, die alle anderen links liegen lassen mußten.

TÖDLICHE ZÄHNE UND MÄCHTIGE KIEFER

Das Leben der Fleischfresser sieht völlig anders aus als das der Pflanzenfresser. Wenn eine Kuh am Morgen aufwacht, kann sie ziemlich sicher sein, daß die Wiese, auf der sie grasen will, noch da ist. Sie muß nur aufstehen und anfangen zu fressen. Das Leben eines Pflanzenfressers, vor allem aber das eines großen herbivoren Dinosauriers, war ein beinahe unablässiges Fressen. Zum Schlafen und Kämpfen, zur Fortpflanzung und für den Gang zu neuen Futterplätzen wurde die wenigste Zeit verbraucht. Der Fleischfresser dagegen hat keine regelmäßige Nahrungsversorgung, und jede Beute, die er erhascht, muß ihm vielleicht für ein paar Tage reichen. Die meisten Carnivoren, vor allem die großen Raubtiere, verbringen den größten Teil ihrer Zeit mit Ausruhen. Dazwischen verbrauchen sie für die intensive Jagd enorme Mengen Energie. An einer erlegten Beute fressen sie sich randvoll, wobei sie auf einen Sitz bis zu einem Viertel ihres eigenen Körpergewichts verschlingen. Erst wenn der Hunger sie wieder dazu treibt, gehen sie erneut auf Jagd.

Protoceratops gebrauchte seinen Schnabel wie ein Papagei, um seine Nahrung sehr genau auszusuchen. Die Zähne am hinteren Ende des Mauls arbeiteten wie Scherenblätter, die nicht nur die Nahrung zerkleinerten, sondern sich so auch selbst nachschärften.

Die carnivoren Dinosaurier müssen eine ähnliche Verhaltensweise gezeigt haben. Wenn ein großes Raubtier wie *Allosaurus* auf die Jagd ging, begab es sich zu den Weideplätzen von *Diplodocus, Apatosaurus* und *Camptosaurus.* Hatte er Glück, fand er vielleicht den Kadaver eines verendeten Tieres oder ein Rudel kleinerer Jäger, die sich um eine frisch erlegte Beute scharten. Nur wenige Jäger verschwenden ihre eigenen Energien, wenn ein anderer bereits die Arbeit geleistet hat, und sicherlich verschmähten auch die Raubtiere unter den Dinosauriern kein Aas.
Einige Wissenschaftler sind sogar davon überzeugt, daß der furchterregende *Tyrannosaurus*, der in der späten Kreide lebte, überhaupt kein Jäger war, sondern der größte Aasfresser aller Zeiten. Unter den heute lebenden Tieren sind die einzigen reinen Aasfresser von nennenswerter Größe Geier und Kondore. Sie können sich das leisten, weil sie Landflächen von mehreren Quadratkilometern Größe aus der Luft überschauen und so verendete, sterbende und von anderen gerissene Tiere finden können. Diese Möglichkeit hatte der *Tyrannosaurus* nun mit Sicherheit nicht. Wenn er also allein von Kadavern und Aas hätte überleben wollen, dann hätte eine ziemliche Menge von toten Dinosauriern herumliegen müssen, um den Appetit all dieser Monster zu stillen. Damit verknüpft ist eine der wichtigsten Fragen, die wir bezüglich der fleischfressenden Dinosaurier haben – waren sie Warm- oder Kaltblüter? Davon nämlich hängt ab, ob sie viel Nahrung brauchten oder – wie die heutigen Krokodile – mit relativ wenig auskommen konnten. Auch diese Frage wird von den Experten noch immer heftig diskutiert. *Allosaurus* war mit Sicherheit ein Jäger – und ein ständig hungriger obendrein. Wenn er etwa eine *Diplodocus*-Herde sah (siehe Abbildung Seite 32/33), suchte er sich

Mit einem schmal zulaufenden Maul kann ein Tier seine Nahrung sorgfältig wählen, wie dieser Kudu zeigt. Genauso dürfte sich *Hypsilophodon* Blätter und junge Triebe herausgesucht haben.

Ein breites Maul deutet auf einen wenig selektiven Fresser, dem es mehr auf die Menge als auf die Art des Futters ankommt. Insofern dürften sich der afrikanische Büffel und der Ankylosaurier ähnlich gewesen sein.

Die Kiefer des *Oviraptor* ließen einen äußerst kraftvollen Biß zu, wie ihn heute auch Papageien haben, die mit ihrem gekrümmten Schnabel Nußschalen knacken können (siehe gegenüberliegende Seite). Benutzte *Oviraptor* die kleinen Dornen im Gaumen, um damit die Eier anderer Dinosaurier aufzubrechen und sich an dem energiereichen Inhalt gütlich zu tun, oder knackte er damit die Schalen harter Früchte auf?

wahrscheinlich ein schwaches Tier aus, ein krankes, altes, verletztes oder sehr junges Tier, das leicht zu überwältigen war. *Allosaurus* hatte gewiß genauso wie die heutigen Löwen und Leoparden die Fähigkeit, solche schwächeren Tiere zu erkennen und die Bewegungsmuster in einer Herde zu interpretieren, die entstehen, wenn ein schwächeres Tier zurückbleibt. Der größte Teil der Jagd besteht im Beobachten und Warten, und es erscheint durchaus möglich, daß auch ein *Allosaurus* eine Herde stundenlang beschattete, ehe er zuschlug. Wenn er allein jagte, mußte er dabei darauf achten, selbst nicht gesehen oder gewittert zu werden, denn die Herde hätte sonst ihm gegenüber Verteidigungsstellung eingenommen, was es ihm nicht nur unmöglich gemacht hätte, ein Tier zu Fall zu bringen, die gesunden Tiere hätten auch ihre langen, peitschenähnlichen Schwänze einsetzen und ihn tödlich verletzen können.

Doch *Allosaurus* hat Glück. Ein junger, unerfahrener *Diplodocus* ist unvorsichtigerweise zurückgeblieben. *Allosaurus* kommt aus seinem Versteck und schneidet dem Jungtier den Weg zur Herde ab. Beim Anblick des mächtigen Räubers macht der junge *Diplodocus* noch einen hilflosen Versuch, den Anschluß an die Herde wiederzugewinnen. Da er jung und leicht ist, kann er vielleicht schneller laufen als der *Allosaurus*, aber der Jäger läßt sein beängstigendes Brüllen hören und kommt näher, so daß der junge *Diplodocus* in Panik gerät und vor lauter Angst falsch reagiert. Die Jagd ist weder lang noch sonderlich schnell – beide Tiere sind weder für rasante Sprints noch für lange Hetzjagden gemacht –, der junge *Diplodocus* bleibt einfach aus Erschöpfung und Angst stehen. Damit ist sein Schicksal besiegelt: Der *Allosaurus* reißt das Maul auf, so weit er nur kann, und wirft sich mit der vollen Wucht seiner zwei Tonnen auf sein Opfer. Die dolchscharfen Zähne bohren sich tief in das Fleisch des *Diplodocus*. Sollte er jetzt zappeln, um sich zu befreien, dann arbeiten sich die messer-

Allosaurus hatte etwa 60 gebogene, dolchartige Zähne, mit denen er seine Beute tötete und in Stücke riß. Die Zähne waren in sich gezackt wie die Schneide eines Steakmessers, während das Kiefergelenk eine extrem weite Öffnung zuließ, so daß *Allosaurus* riesige Brocken verschlingen konnte.

Dieser Unterkieferknochen eines *Megalosaurus* zeigt vor den ausgewachsenen Zähnen die Stummel neuer, nachwachsender Zähne; ein Prozeß, der das ganze Leben hindurch anhielt, so daß abgenutzte oder ausgebrochene Zähne immer ersetzt wurden.

scharfen Zähne dadurch nur tiefer in sein Fleisch. *Allosaurus* packt die Beute mit den Vorderarmen und schließt das Maul, wobei er den Kopf hin und her bewegt und aus dem wahrscheinlich noch lebenden *Diplodocus* einen gewaltigen Fetzen Fleisch herausreißt. Diesen Klumpen Fleisch schlingt er am Stück ungekaut herunter und beißt gleich wieder zu, denn er muß so schnell wie möglich so viel wie möglich in sich hineinfressen. Die mächtigen Klauen an den Armen, die viel stärker waren als die des späteren *Tyrannosaurus*, benutzte er wahrscheinlich zusätzlich, um Fleischfetzen aus seiner Beute zu reißen. Nachdem er sich den Magen zum Bersten vollgeschlagen hat, trollt sich der *Allosaurus* und sucht sich einen sicheren, ruhigen Platz, wo er ausruhen und verdauen kann. Wenn niemand anders ihm die Überreste der Beute wegschnappt, kann er noch ein paar Tage davon fressen.

Fossile Überreste von Räubern wie *Allosaurus* und *Tyrannosaurus* werden nur relativ selten gefunden. Unter den kleineren Fleischfressern gab es so gefährliche Arten wie den *Deinonychus*, der im Rudel jagte, und so flinke Renner wie *Compsognathus*, der kaum größer war als ein Huhn. Er und seine Artgenossen jagten Eidechsen, kleine Säuger und große Insekten. Vor allem Insekten stellten ein konzentriertes Nahrungspaket dar. Auch heutzutage ernähren sich viele Jungreptilien zunächst von Insekten, bis sie schnell und stark genug sind, andere Beute zu jagen, und so liegt die Vermutung nahe, daß auch junge Dinosaurier mit dieser Nahrung anfingen. Fleischfresser wie *Velociraptor* und *Dromaeosaurus* waren ganz sicher schnelle Läufer, mit einem charakteristisch leichten Knochenbau und langen Beinen; ihre kräftigen Klauen und die messerscharfen Zähne erlaubten ihnen, auch eine heftig zappelnde Beute festzuhalten.

Einige Fossilfunde erlauben Rückschlüsse auf die letzte Mahlzeit des verendeten Tieres. Dieser *Rioarribasaurus* hat die Knochen seines eigenen Nachwuchses im Bauch – das einzige bisher bekannte Beispiel eines Dinosauriers, der seine eigene Brut fraß. Die winzigen Wirbel und ein Schenkelknochen sind zwischen den Rippen des ausgewachsenen Tieres zu erkennen.

Aus dem bisher vorliegenden Material kann man keine endgültigen Rückschlüsse auf die speziellen Jagdmethoden der verschiedenen Arten ziehen, und wir wissen auch nicht, welche Beute sie im einzelnen jagten. Die Besonderheiten ihrer jeweiligen Anatomie geben uns lediglich ein paar Schlüssel an die Hand, und gelegentlich findet man ein Fossil, bei dem auch Überreste der letzten Mahlzeit konserviert sind. So wissen wir beispielsweise, daß *Rioarribasaurus (Coelophysis)* ein Kannibale gewesen sein dürfte, denn im Magen eines erwachsenen Tieres fanden sich Knochen eines Jungtieres der eigenen Art. Ein im Solnhofener Kalkstein gefundenes Exemplar des *Compsognathus* hatte die halbverdauten Überreste einer flinken, *Bavarisaurus* genannten Eidechse im Bauch, und der erst kürzlich in England entdeckte *Baryonyx* hatte Schuppen und Zähne des großen Süßwasserfisches *Lepidotes* im Magen, was ihn zum einzigen bisher bekannten Fischfresser unter den Dinosauriern macht. Mit der Fähigkeit, sich Nahrung beschaffen und sie verdauen zu können, steht und fällt das Überleben jeder Art; es ist ein ganz wichtiger Faktor im evolutionären Prozeß. Die Dinosaurier waren die absoluten Herrscher des Landes und wuchsen in einigen Fällen zu ungeheuerlicher Größe heran. Das konnte ihnen nur gelingen, weil sie die erreichbaren Nahrungsquellen hervorragend zu nutzen verstanden und aus jedem Fleckchen Land einen potentiellen Weidegrund zu machen wußten.

ANGRIFF UND

4

Genau wie die Tiere unserer Zeit griffen auch die Dinosaurier sich gegenseitig an, sie verteidigten sich und kämpften um die Vormachtstellung innerhalb ihrer Gruppe. Die Mittel, die sie dafür

VERTEIDIGUNG 4

einsetzten, waren oftmals tödlich, doch auf jedes Riesenraubtier vom Schlage eines *Tyrannosaurus* kamen Tausende kleiner Pflanzenfresser, die nichts Aggressiveres unternahmen als wegzulaufen.

Der größte Jäger, der je auf Erden wandelte, war *Tyrannosaurus.* Ein *Velociraptor*-Rudel hätte einen Menschen innerhalb von 30 Sekunden in tausend Stücke gerissen, und *Allosaurus* hätte ihn in zwei Happen verschlungen. Dennoch beherrschten diese Räuber nicht das Bild der Welt zur Zeit der Dinosaurier. Die weitaus meisten waren friedliche, pflanzenfressende Kreaturen, die niemals ein anderes Tier angriffen, um es zu töten. Die schweren Waffen, mit denen sie ausgestattet waren, dienten der Verteidigung, sie wurden im Kampf um Futterplätze und Paarungspartner eingesetzt. Während die Räuber in den Dinosaurierbüchern Schlagzeilen machen, waren die friedlichen Vertreter der Art auf ihre Weise nicht weniger spektakulär.

Angriff, Verteidigung und Wettkampf sind Schlüsselbegriffe für das Überleben einer Art. *Oben:* Angriff – flinke, starke Jäger tun sich zusammen, um ein Tier zur Strecke zu bringen. *Mitte:* Verteidigung – der Panzer bietet dem Gürteltier kompletten Schutz. *Unten:* Wettkampf – Dickhornschafe rammen in der Paarungszeit die Köpfe aneinander.

Die Tiere aller Epochen verfügen über eine Reihe von Verteidigungsstrategien – sie können sich tarnen, sie können wegrennen, sich in Herden zusammentun oder kämpfen. Die Palette der Strategien reicht vom aktiven Kampf mit Zähnen, Klauen und Hörnern bis zum passiven Widerstand durch Mimikri und Schutzpanzer. Ein Dinosaurier, der über eine bemerkenswerte Kombination von aktiven und passiven Mitteln verfügte, war *Euoplocephalus* aus der späten Kreide.

KEULEN UND PANZER

Euoplocephalus war ein vierfüßiger Pflanzenfresser, der mit seinem Hornschnabel die bodennahe Vegetation Nordamerikas abgraste. Sein gesamter Rücken, sein Hals und sein Schwanz waren mit Knochenplatten besetzt, die in die Haut eingewachsen waren. Auf Nacken, Schultern und Rücken ragten aus diesem Knochenschutz zusätzlich stumpfe Stacheln auf, die Haut des Schwanzes war dagegen mit unzähligen kieselsteingroßen Knochenplättchen durchsetzt. Auch der Kopf war rundum gepanzert, über und unter den Augen standen dreieckige Dornen ab. Die Augenlider selbst waren aus Knochen und konnten wie ein Stahlgitter zum Schutz vor Angreifern heruntergelassen werden. Die passive Verteidigungsstrategie des *Euoplocephalus* war denkbar einfach. Auf eingezogenen Beinen drückte er sich mit aller Kraft an den Boden und bot sich so als komplett gepanzertes Etwas dar, dem kein Krallenhieb und keine Reißzähne etwas anhaben konnten. Ein Angreifer hatte nur eine Möglichkeit, er mußte versuchen, *Euoplocephalus* auf den Rücken zu rollen, was genauso einfach gewesen sein dürfte, wie einen zwei Tonnen schweren Fels von der Stelle zu bewegen. Trotz des enormen Gewichts der Panzerung, sie mochte allein eine halbe Tonne ausmachen, scheint *Euoplocephalus* ein recht agiles Tier gewesen zu sein. Muskelrillen an Hüft- und Schulterknochen lassen auf eine ungeheuer kräftige Beinmuskulatur schließen, mit der das Tier sehr gut laufen konnte, und auf eine äußerst starke Schwanzmuskulatur. Dank dieser verfügte *Euoplocephalus* auch über eine Verteidigungswaffe, die aus dem frustrierend unangreifbaren Brocken zusätzlich einen gefährlichen Gegner machte.

(Abbildung Seite 44/45) Wer einem *Tyrannosaurus rex* aus dieser Entfernung in die Augen sah, um den war es wohl geschehen.

Der Schwanz des ausgewachsenen *Euoplocephalus* war etwa 2,5 Meter lang und endete in einer Keule, die aus zwei verwachsenen Knochen bestand, die zusammen gut 30 Kilogramm wogen. Ein einziger kraftvoller Schlag mit einem solchen Knüppel konnte einem Angreifer die Beine brechen und sogar einen *Tyrannosaurus* k.o. schlagen. Lag ein solcher Angreifer erst einmal mit einem gebrochenen Schienbein am Boden, war sein Schicksal besiegelt; während sich der *Euoplocephalus* trollte, wurde er selbst die Beute anderer Räuber und Aasfresser. Wir können uns vorstellen, wie ein vorsichtiger *Tyrannosaurus* den *Euoplocephalus* umkreist auf der Suche nach einer Schwachstelle, nach einer Möglichkeit, den gepanzerten Koloß mit einem Stoß des starken Hinterbeines auf den Rücken zu rollen, während zugleich der *Euoplocephalus* nach einer Chance sucht, dem Angreifer mit seiner mächtigen Schwanzkeule eins zu versetzen. Nur ein sehr hungriger oder sehr von sich überzeugter Jäger wird sich einem solchen Gegner genähert haben.

Vorsichtig umschleicht ein *Tyrannosaurus* einen *Euoplocephalus*. Ein einziger Schlag mit dessen mächtiger Schwanzkeule könnte für den Angreifer tödlich sein.

VERTEIDIGUNG UND WETTKAMPF

Für die großen Sauropoden wie *Brachiosaurus* war allein die schiere Größe schon Verteidigung genug. Es gab keinen Räuber, der groß genug gewesen wäre, einen ausgewachsenen *Brachiosaurus* erfolgreich anzugreifen. Darüber hinaus hatten alle Sauropoden einen Daumensporn. Der vergleichsweise kleine *Diplodocus* konnte sich auf die Hinterbeine erheben und, auf den Schwanz gestützt, die bewehrten Vorderbeine schwenken. Der Schwanz selbst, 13 Meter lang und dünn wie eine Peitsche, war ebenfalls eine gute Verteidigungswaffe.

Die Skelette der kleineren Pflanzenfresser wie etwa *Dryosaurus* zeigen, daß die Flucht oft die beste Form der Verteidigung war. Schnell laufen zu können, genügte freilich nicht, ein solches Tier brauchte auch ein

Ganz auf Abwehr ausgerichtet: *Euoplocephalus*

(1) Knöchernes Augenlid
(2) Knochenplatten schützen den Kopf rundum
(3) Dreieckige Knochenplatte über dem Auge
(4) Kurze Vorderbeine begünstigen den bodennahen Gang
(5) Zusammengewachsene Rippen und Hüftknochen verankern die starke Bein- und Schwanzmuskulatur
(6) Knöcherne Bänder versteifen den Schwanz, damit er nicht bricht, wenn die Keule benutzt wird
(7) Knöcherne Schwanzkeule von 30 Kilogramm Gewicht

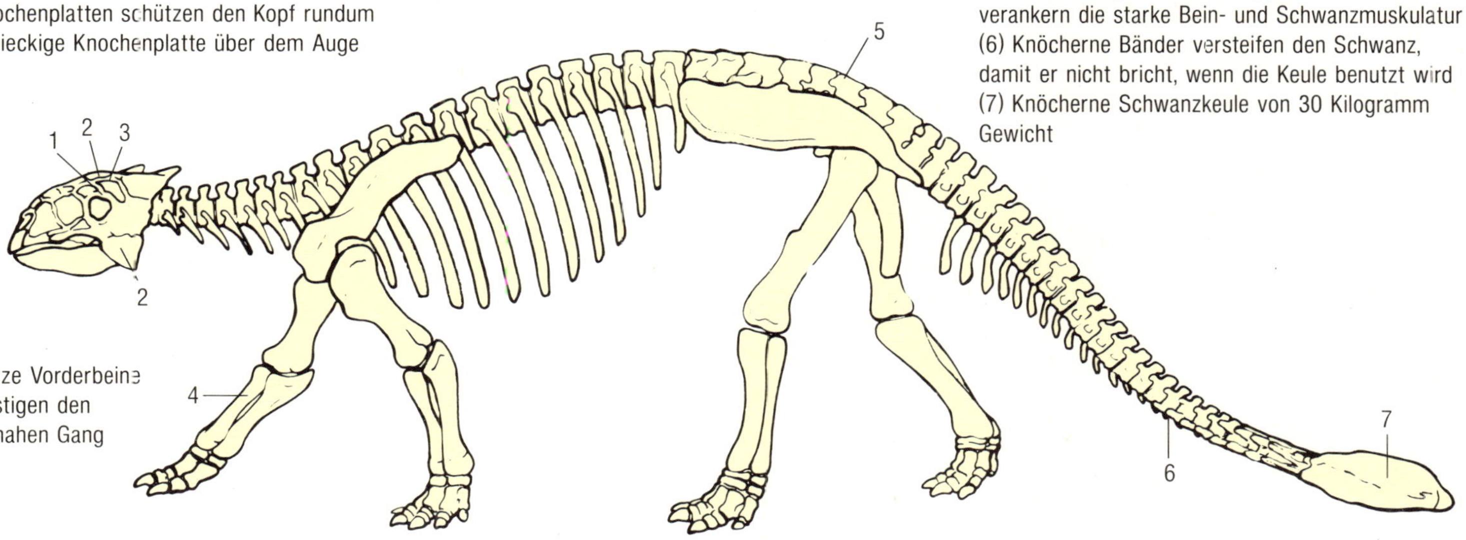

gutes Gehör und einen scharfen Blick, um den Feind rechtzeitig ausmachen zu können. Schwanz und Daumendorn des *Diplodocus*, die Schnelligkeit des *Dryosaurus* sowie die Panzerung des *Euoplocephalus* sind hochentwickelte Verteidigungsmechanismen, wie sie für die ganze Dinosaurierwelt typisch sind. Die meisten Pflanzenfresser versuchten zu fliehen, wenn Gefahr drohte. Viele schützten die empfindlichen Regionen wie Nacken und Rückenpartie mit Stacheln und Knochenkragen oder Knochenpanzern, an denen die Angreifer sich nur die Zähne ausbeißen konnten, einige hatten sensenscharfe Klauen für rasche Gegenangriffe. Doch für die meisten Dinosaurier bedeuteten all diese Schutzmaßnahmen keine absolute Immunität gegenüber Feinden. Wie bei den heutigen Tieren hieß all das nur, ein bißchen weniger leicht angreifbar zu sein als ein anderes Tier der Umgebung. Ein ausgewogenes Verhältnis zwischen aktiver und passiver Verteidigung, gerade gut genug, um im wahrsten Sinne des Wortes dem Jäger einen Schritt voraus zu sein, war die von den herbivoren Dinosauriern am häufigsten entwickelte Strategie.

Dinosaurier, die zu ihrem eigenen Schutz in großen Herden lebten, werden innerhalb dieser Verbände miteinander um die Vorherrschaft gekämpft haben. Viele in Herden oder Rudeln zusammenlebende Tiere haben eine feste Sozialstruktur. Ob es sich um Affen oder Insekten handelt, es muß klar sein, wem in der Gemeinschaft welche Rolle zukommt, wer führt und wer sich unterordnet, damit die Gruppe als Ganzes überleben kann. Manchmal sind diese Strukturen genetisch vorgegeben, oft aber wird die soziale Rangfolge durch Wettkämpfe bestimmt. Ein solcher Wettstreit, selbst wenn es sich um erbitterte Kämpfe zwischen Rivalen handelt, führt selten zum Tod oder zu einer ernsthaften Verletzung eines der Kontrahenten. Schließlich geht es ja darum, eine Gruppenhierarchie aufzubauen und nicht, die Stärke der Gruppe selbst zu gefährden. Viele in Herden lebende Dinosaurier hatten Merkmale, die auf Rangkämpfe schließen lassen, in einem Fall ist das Tier sogar nach diesem hervorstechenden Zug benannt: *Pachycephalosaurus*, die „Dickschädelechse".

Pachycephalosaurus war ein zweibeiniger Pflanzenfresser, der während der späten Kreide im westlichen Nordamerika und in Asien beheimatet war. Auf den ersten flüchtigen Blick scheint es der Intelligenzbolzen unter den Dinosauriern gewesen zu sein. Unter einer derart mächtig gewölbten Hirnschale mußte doch ein großes Gehirn sitzen! Der zweite Blick belehrt uns eines besseren: Was sich da aufwölbt sind 25 Zentimeter massiver Schädelknochen, die ein Hirn schützten, das nicht größer war als ein Tennisball. Und vor was schützte dieser Knochen? Vor der unglaublichen Erschütterung eines Kopfstoßwettbewerbs, wie er unter *Pachycephalosauriern* üblich war, um die soziale Hierarchie festzulegen. Der Beweis, daß diese Art von Wettstreit unter ihnen stattgefunden haben muß, liefern uns Schädel und Rückgrat der Tiere. Der Schädel saß so an der Halswirbelsäule, daß das Tier mit völlig horizontal liegendem Rückgrat und gesenktem Kopf wie ein Rammbock vorpreschen konnte. Starke Bänder und Sehnen verbanden den Schädel mit dem Nacken, sie federten die Wucht des Aufpralls ab und verteilten sie auf das Rückgrat. Die Wirbelsäule selbst war durch Knochenstangen verstärkt, die Wirbel waren durch besonders tief ausgehöhlte Gelenke verbunden, die verhinderten, daß es unter dem extrem starken Druck des plätzlichen Zusammenpralls zu Verrenkungen oder Brüchen kam. Vielleicht war auch

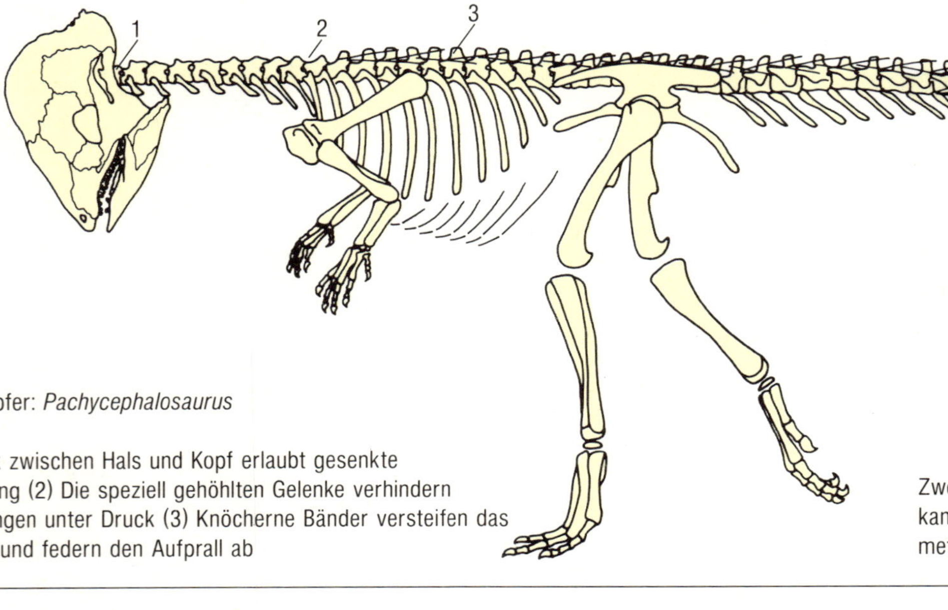

Wettkämpfer: *Pachycephalosaurus*

(1) Gelenk zwischen Hals und Kopf erlaubt gesenkte Kopfhaltung (2) Die speziell gehöhlten Gelenke verhindern Verrenkungen unter Druck (3) Knöcherne Bänder versteifen das Rückgrat und federn den Aufprall ab

Zwei männliche *Pachycephalosaurier* rammen im Wettkampf mit aller Wucht die Köpfe aneinander. 25 Zentimeter dicke Schädelknochen schützten das Gehirn.

Das Bild rekonstruiert einen Fossilfund aus der Mongolei: Ein *Protoceratops* im Kampf mit einem *Velociraptor*. Der *Velociraptor*, schon am Boden, hat seine Krallen noch hinter dem Nackenschild des Feindes verhakt. Die Kämpfer lagen in unmittelbarer Nähe eines Nestes mit Eiern von *Protoceratops*. Wahrscheinlich wurde der *Velociraptor* am Nest überrascht. Noch während die Tiere kämpften, erhob sich ein Sandsturm, in dem sie gemeinsam verendeten.

Knochenstäbe versteifen den Schwanz, der beim Laufen als Balancierstange dient.

das Gehirn von einer Art Lufthülle umgeben, die den Stoß abmilderte. Der ganze Knochenbau des *Pachycephalosaurus* erlaubte es, daß zwei Tiere dieser Art, jedes so lang wie ein Omnibus, mit voller Geschwindigkeit aufeinander zurennen und mit den Köpfen aneinanderstoßen konnten, ohne sich dabei ernsthaft Schaden zuzufügen. Vielleicht gab es bei allen herbivoren Dinosauriern irgendeine Art des Wettkampfes, um die Rangordnung festzulegen, denn nur im Verband einer wohlgeordneten Herde, deren Führerschaft eindeutig feststeht, konnten die Gruppen in Ruhe Nahrung suchen und aufnehmen oder die Jungen aufziehen, daß heißt, im Kampf gegen die Räuber zu überleben.

EIN STROMLINIENFÖRMIGER KILLER

Wenn ein Dinosaurier es verdient, als Angreifer beschrieben zu werden, dann ist es *Deinonychus*, ein stromlinienförmiger Killer, der nicht nur über Beweglichkeit und Schnelligkeit verfügte, sondern auch über ein beängstigendes Waffenarsenal. Insgesamt etwa drei Meter lang, war er zwei Meter hoch, wenn er sich aufrichtete.
Deinonychus hatte den leichten, langbeinigen Körperbau des schnellen Sprinters. Eine Hülle aus starren Knochenstäben versteifte den Schwanz, der bei der schnellen Verfolgung eines Opfers den Körper wie eine Balancierstange im Gleichgewicht hielt. *Deinonychus* hatte einen schlanken Hals und einen extrem leicht gebauten Schädel, ideal zum schnellen, kräftigen Zubeißen. Hinzu kamen nach hinten gebogene Reißzähne, die sich tief in das Fleisch der Beute bohren konnten. Doch seine gefährlichsten Waffen waren die scharfen Klauen an Händen und Füßen. Die Arme benutzte er wie lange Wurfhaken. Wahrscheinlich konnte er an einem größeren Dinosaurier hochspringen und sich mit den Armkrallen in ihm verhaken. Die Fußkralle sah aus wie eine Sichel, und ein einziger Hieb mit dieser Waffe konnte einem Tier den Bauch aufschlitzen. Die ganze Anatomie des Fußes war auf diese Kralle hin ausgerichtet, die am zweiten, nach vorn gerichteten Zeh saß. Beim Laufen und Rennen konnte *Deinonychus* diese Zehe nach oben ziehen, um sich nicht selbst durch die enorme Kralle zu behindern.
Als 1964 die ersten Fossilien des *Deinonychus* in Montana gefunden wurden, bemerkten die Wissenschaftler zu ihrer Überraschung, daß sie auf die Überreste mehrerer dieser Räuber und die eines großen Pflanzenfressers, *Tenontosaurus*, gestoßen waren. Hieß das, daß *Deinonychus* im Rudel jagte? Sicherlich hatte *Deinonychus* ein relativ hoch entwickeltes Gehirn, zumal in den Teilen, die für die Gemeinschaftsjagd nötig sind, er hatte bestimmt hervorragende Augen und ein gutes Gehör. Wenn es einem kleinen Rudel gelang, einen großen Dinosaurier zu erlegen, so war die Nahrung für Tage gesichert, auch wenn man mit allen teilen mußte.
Unter den Dinosauriern gab es auch andere gute Beutejäger, doch in *Deinonychus* verbanden sich alle Fähigkeiten eines Jägers in fast idealer Weise. Er war intelligent genug, um sich in Deckung anzuschleichen, er konnte seine Handlungen mit Artgenossen koordinieren, er verfügte über die nötige Geschwindigkeit, eine Beute zu hetzen und über die Waffen, das Opfer zu töten und in Stücke zu reißen. Die meisten anderen Carnivoren überkultivierten eine dieser Fähigkeiten auf Kosten aller anderen. *Tyrannosaurus* beispielsweise verließ sich einzig auf seine Masse und Kraft, um seine Opfer zu überwältigen. Sein Kopf war durch schwere Knochen vor den Erschütterungen geschützt, die zu erwarten waren, wenn er mit voller Wucht in eine Beute rannte. Mit einem Körpergewicht von 15 Tonnen hat *Tyrannosaurus* sicherlich auf Geschwindigkeit verzichten müssen. Wenn er seine Beute nicht beim ersten Angriff erwischte, war er sie los, über eine längere Strecke verfolgen konnte er sie kaum. Am anderen Ende der Skala haben wir *Troodon*, der seine Geschwindigkeit auf Kosten von Größe und Bewaffnung entwickelte. Troodon war ein kleiner, recht intelligenter, sehr schneller Jäger mit nach vorn gerichteten Augen, die bei sich überschneidenden Gesichtsfeldern ein tiefenscharfes Sehen ermöglichten. Vielleicht machte er Jagd auf die nicht mehr als rattengroßen Säuger, die erst in der Dämmerung erschienen, wenn andere Dinosaurier sie nicht mehr erkennen konnten.

Ein Stück fossilierter Haut eines *Edmontosaurus* zeigt winzige Knochenplättchen in der Hautoberfläche, gibt aber keinen Hinweis auf die Färbung.

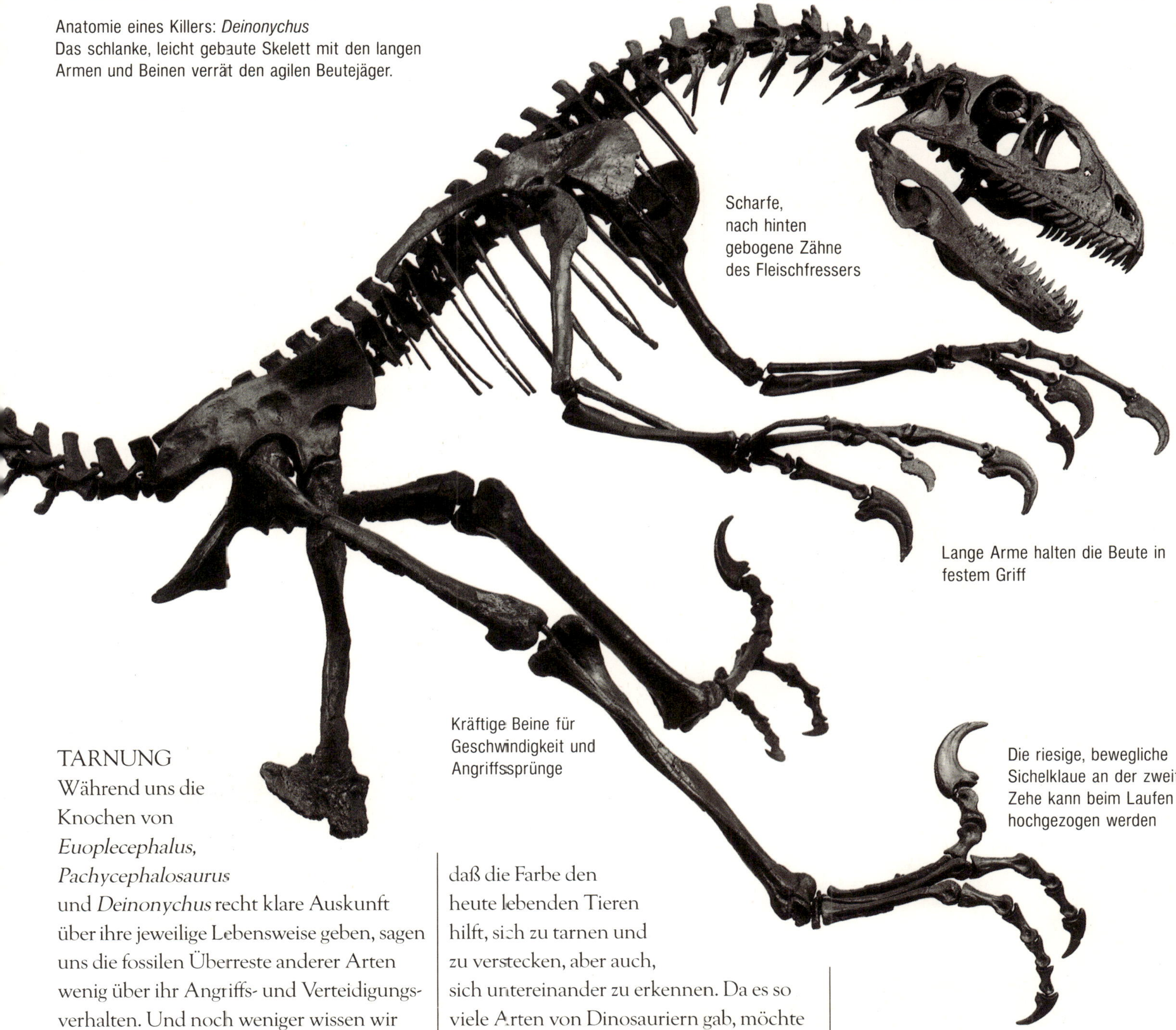

Anatomie eines Killers: *Deinonychus*
Das schlanke, leicht gebaute Skelett mit den langen Armen und Beinen verrät den agilen Beutejäger.

TARNUNG

Während uns die Knochen von *Euoplecephalus, Pachycephalosaurus* und *Deinonychus* recht klare Auskunft über ihre jeweilige Lebensweise geben, sagen uns die fossilen Überreste anderer Arten wenig über ihr Angriffs- und Verteidigungsverhalten. Und noch weniger wissen wir über Tarnung und Verstecke, die in der heutigen Tierwelt eine so wichtige Rolle spielen. Gut erhaltene Hautproben eines Dinosauriers sind sehr selten, doch gelegentlich geschah es, daß ein Tier in einem Sandsturm verendete, so daß die Haut mumifizierte und der Kadaver von Aasfressern unbemerkt blieb. Diese wenigen Beispiele zeigen, daß Dinosaurier eine schuppige Haut hatten wie die heutigen Reptilien. Wir wissen, daß die Farbe den heute lebenden Tieren hilft, sich zu tarnen und zu verstecken, aber auch, sich untereinander zu erkennen. Da es so viele Arten von Dinosauriern gab, möchte man annehmen, daß wenigstens einige von ihnen Farben zur Tarnung, zur Abschreckung und bei der Balz eingesetzt haben. Ein mittelgroßer Hadrosaurier wie *Kritosaurus* verbrachte den größten Teil seines Lebens damit, zwischen den sonnendurchfluteten Farnen und niedrigen Büschen im Unterholz der Wälder zu äsen. Eine grüngelbe Tarnzeichnung wie die einer Anakonda wäre ideal gewesen. Bei Gefahr hätte *Kritosaurus* nur unbeweglich stehen bleiben müssen, wie es heute ein Buschbock macht, um so mit der Vegetation zu verschmelzen, daß er nicht hätte gesehen werden können. *Parkosaurus*, der im gleichen Gehölz graste, entwickelte vielleicht ein ausgeprägteres Hautmuster wie ein gestreifter Waran, um sich in einem Umfeld, in dem Licht und Schatten wechselten, unbemerkt

Eine Anakonda, ein Okapi und ein Waran zeigen drei Beispiele, wie heute lebende Tiere ihre Färbung als Tarnfarben nutzen. Könnten Dinosaurier wie *Kritosaurus, Troodon* und *Parkosaurus* so ähnlich ausgesehen haben?

zu halten. Eine sehr auffällige Zeichnung ist auch die Verkleidung des meist bei Dämmerung im Unterholz äsenden Okapi. Der dunkle Rumpf und dazu die wie bei einem Zebra schwarzweiß gestreiften Beine brechen das Gesamtbild so auf, daß man aus einiger Entfernung die Einzelteile nicht zu einem Ganzen zusammenfügen kann. Ein idealer Schutz gegen Räuber wie Leoparden, die in der Dämmerung nach Augenschein jagen. Ein flinker Jäger wie *Troodon* hatte vielleicht eine ähnliche Tarnfarbe.

Viele männliche Tiere, vor allem Vögel und Reptilien, setzen in der Balz auf leuchtende Farben. Diese zeigen nicht nur, daß das Männchen auf der Suche nach einem Weibchen ist, sie helfen auch den Weibchen, die richtige Wahl unter den Bewerbern zu treffen, denn die ausgeprägteste Farbgebung hat meist das gesündeste, kräftigste Männchen.

Vielleicht hatten die mit einem Kamm versehenen Hadrosaurier wie *Corythosaurus* und *Lambeosaurus* während der Paarungszeit auch eine spezielle Kopffärbung. *Saurolophus* und *Edmontosaurus* benutzten ihre fleischigen Nasensäcke vielleicht, ähnlich wie der See-Elefant (Elefantenrobbe), um einen durchdringenden Schrei zu produzieren, mit dem sie ein Weibchen anlockten. Möglicherweise nahm der Sack selbst eine leuchtende Färbung an. Auch die Kopfform des *Styracosaurus* läßt auf Schaustellung und Wettkampf schließen. Sein runder Knochenkragen war länger als der Schädelknochen selbst und lief an den Außenkanten in lange Dornen aus. Doch der Kragen bestand nicht, wie bei *Triceratops*, aus massivem Knochen, sondern enthielt große Öffnungen, die von Muskeln und Haut überzogen waren. Wenn *Styracosaurus* den Kopf schief legte oder hin und her schwenkte, konnte er sicherlich ein imposantes Bild von Macht und Stärke abgeben, das andere Männchen abschreckte. Es wäre auch möglich, daß zwei männliche *Styracosaurier* ihre Hörner verhakten, wie es Hirsche mit ihren Geweihen tun. Auch bei ihnen könnte sich die Haut des Kragenkranzes während der Brunst mit Mustern überzogen haben.

Es ist verlockend, über das Verhalten der Dinosaurier bei Angriff, Verteidigung und Balz zu spekulieren und sie sich als so bunt und vielfarbig vorzustellen wie die heutigen Vögel und Reptilien.

Es ist jedoch unwahrscheinlich, daß wir je hinter alle Geheimnisse der Dinosaurier kommen werden. Einige werden in den Felsen begraben bleiben, in denen sie seit Jahrmillionen eingeschlossen sind.

Ein Angreifer, dem *Styracosaurus* seinen stachelbewehrten Kopf zuwandte, war zweifellos beeindruckt.

SOZIALVER

5

Das soziale Verhalten bleibt eines der großen Rätsel der Dinosaurierforschung. Die Vermutung liegt nahe, daß sie ähnliche Verhaltensmuster aufwiesen wie heute lebende Tiere. Jüngst entdeckte

HAL TEN 5

Brutkolonien zeigen, daß einige Dinosaurier über ein hohes Maß an sozialer Organisation verfügten.

Wenn es einen Aspekt vorgeschichtlichen Lebens gibt, der den Einsatz einer Zeitmaschine wünschenswert erscheinen läßt, dann ist es das Sozialverhalten der Dinosaurier. Forscher können Jahre damit zubringen, eine Gemeinschaft von Löwen, Gorillas oder Vögeln zu beobachten, um herauszufinden, wie komplex deren Familienstrukturen sind, welches Gruppenverhalten sie zeigen, welche Überlebensstrategien sie anwenden. Die Skelette der Dinosaurier erlauben uns keine derartige Feldarbeit, ein Paläontologe muß auf sehr viel dürftigere Quellen zurückgreifen, um sich ein Bild vom Sozialverhalten der Dinosaurier zu machen, das notgedrungen unvollständig bleiben muß.

Unsere Erkenntnisse beruhen weitgehend auf Spekulation, Wörter wie „vielleicht“ oder „möglicherweise“ müßten in jedem Satz vorkommen. Manche Experten klammern diesen Bereich deshalb völlig aus. Doch die Dinosaurier sind nun einmal lebendige Tiere gewesen, die, wenn sie nicht in Herdenverbänden oder kleinen Rudeln lebten, doch wenigstens zur Paarung zusammengekommen sein müssen. Sie lebten alle auf derselben Erde, sie jagten oder flohen vor Jägern, sie versuchten, die besten Futterplätze zu ergattern – genau wie die heute lebenden Tiere. Um die Dinosaurier zu verstehen, ist das Wissen über ihr Sozialverhalten genauso wichtig wie die Kenntnisse, die wir aus den Skelettfunden gewinnen können.

Wenn wir uns die Dinosaurier als Mitglieder einer weitgestreuten, ausgewogenen Gemeinschaft vorstellen, bei der jedes Mitglied von den anderen abhing, dann ist die Tierwelt der afrikanischen Savannen eine brauchbare Parallele. Grundlage dieses Lebensraums sind die Pflanzen, die den unzähligen Herbivoren Nahrung geben. Diese wiederum bilden die Nahrung der Fleischfresser, die am Rande der Herden leben und junge, kranke oder alte Tiere jagen. Die Zahl der Pflanzenfresser muß sehr groß sein, damit sich die Fleisch- und Aasfresser am Leben erhalten können.

Zwischen diesen verschiedenen Tiergruppen bestehen eine Menge gegenseitiger Abhängigkeiten. Ein Löwe beispielsweise braucht Gazellen oder Zebras als Nahrung. Weniger bekannt ist die umgekehrte Tatsache, daß Gazellen und Zebras Löwen und andere Jäger brauchen, damit die Herden regelmäßig dezimiert werden: Sie würden sonst nämlich die Steppen und Savannen restlos kahl fressen und dadurch letztlich für ihren eigenen Untergang sorgen. Ein einziger Elefant frißt täglich genausoviel wie eine ganze Schar Spießböcke; doch die unglaublich zerstörerischen Freßgewohnheiten der Elefanten – sie entwurzeln Bäume und trampeln breite Pfade – dienen den Spießböcken, die allein nicht in den dichten Busch vordringen können, wohl aber auf den Spuren der Elefanten. Antilopen teilen ihren Weidegrund mit Straußen, denn die Strauße haben hervorragend gute Augen und warnen dadurch rechtzeitig vor Feinden.

Auch unter den Dinosauriern muß es solche oder ähnliche Zweckgemeinschaften gegeben haben.

DIE EINSAMEN JÄGER

Nur ganz selten hat man mehrere Skelette großer Fleischfresser nahe beieinander gefunden. Dagegen gibt es regelrechte Massengräber ganzer Herden von Pflanzenfressern. Daraus schließen wir, daß die großen Jäger Einzelgänger, viele Pflanzenfresser aber Herdentiere waren. Das erscheint sinnvoll, denn die Carnivoren waren häufig sehr viel größer als ihre Beutetiere, brauchten also keine Hilfe bei der Jagd, und ein Mitfresser hätte nur die Beute verringert. Der beste Ort für einen Einzeljäger ist der Wald oder dichtes Buschwerk, dort kann er sich verstecken und seinem Opfer auflauern, das ihn in einer flachen Ebene viel zu früh sehen würde. Der Leopard als Einzeljäger nutzt die hohen Steppengräser als Versteck. Es gibt Gebiete mit ungeheuer vielen Fußspuren kleiner und großer fleischfressender Dinosaurier. Vielleicht waren das besonders günstige Jagdgründe am Ufer eines Flusses oder Sees. Die Räuber brauchten nur zu warten, bis die Pflanzenfresser zum Trinken kamen oder gelegentlich ein Kadaver angeschwemmt wurde. Wie einzelgängerisch das Leben der großen Räuber auch gewesen sein mag, von Zeit zu Zeit mußten sie sich zur Zeugung von Nachwuchs zusammen-

(Abbildung Seite 54/55) Eine Brutkolonie des Hadrosauriers *Maiasaura.* Der Name bedeutet „gute Echsenmutter“.

tun. Freilich wissen wir nichts über ihre Fortpflanzungsgewohnheiten, und erst in jüngster Zeit sind fossile Eier in der Wüste Gobi entdeckt worden, die man Fleischfressern zuschreibt. Brüteten sie in Gruppen oder allein? Einen Hinweis bietet die Entdeckung eines Skeletts des *Rioarribasaurus*, der Knochen von Jungen der eigenen Art im Bauch hatte. Bären- und Löwenmännchen töten manchmal den Nachwuchs einer Löwin und begatten sie dann neu, und auch Reptilien neigen unter Streß zu Kannibalismus. Wenn dieses Phänomen auch bei den fleischfressenden Dinosauriern vorkam, dann wäre es sinnvoll gewesen, sie hätten allein gebrütet. Möglicherweise dominierten die Weibchen, indem sie die Männchen vom Nest fernhielten, oder sie verscheuchten die Männchen sogar ganz, sobald die Paarung geglückt war. Die geschlüpften Jungtiere blieben vielleicht eine Zeitlang unter der Obhut der Mutter, bis sie selbständig für sich sorgen konnten. Ein aufregender Fund aus jüngster Zeit scheint einen großen erwachsenen

Wer wie ein Leopard oder ein *Tyrannosaurus* allein jagt, braucht seine Beute nicht zu teilen. Der Einzeljäger muß aber stark genug sein, sein Opfer zu überwältigen – hier ist es ein *Edmontosaurus* – und Aasfresser vom Kadaver fernzuhalten.

Tyrannosaurus zusammen mit einem kleineren Erwachsenen, einem Halbwüchsigen und einem Baby zu zeigen. Dies könnte der erste Hinweis darauf sein, daß Carnosaurier in Familienverbänden lebten.

JAGD IM RUDEL

Wir haben Grund zu der Annahme, daß einige der kleineren Fleischfresser in Rudeln jagten und in diesen Verbänden auch lebten. Diese Lebensform finden wir bei vielen heutigen Tieren. Ein Zug Treiberameisen kann ein Wespennest angreifen und völlig zerstören – dazu bedarf es der Zusammenarbeit, dennoch ist das Niveau der Koordination gering. Ein höheres Maß an koordinierter Zusammenarbeit zeigen Pelikane, die gemeinsam fischen, und Löwenweibchen haben eine sehr komplexe Technik von Anschleich- und Einkreisungsmanövern, wenn sie gemeinsam jagen. Die Gruppenjagd hat Vorteile – man erlegt mehr und größere Beute. Manche Gruppenjäger können zusammen ein Tier reißen, das ihrem eigenen Gesamtgewicht entspricht. Natürlich muß man die Beute teilen, aber auch das ist nicht schlimm, denn ein Rudel wird den ganzen Kadaver verzehren, nichts wird verschwendet, und die Beute muß nicht stunden- oder gar tagelang vor Aasfressern verteidigt werden.

Oben: Fossilienfunde beweisen, daß manche pflanzenfressenden Dinosaurier in Herden lebten. Das Bild zeigt eine kleine Herde des *Centrosaurus*, die sich zur Verteidigung im Kreis aufgestellt hat. *Rechts:* Ein Massengrab des *Centrosaurus* zeigt den Platz, an dem eine Herde einen reißenden Fluß überqueren wollte, in dem viele Tiere umkamen.

Fossile Funde scheinen zu belegen, daß *Deinonychus* im Rudel jagte, um einen *Tinontosaurus* zur Strecke zu bringen. Wieviele Tiere gehörten wohl zu der Gruppe, und welche Jagdtechniken mögen sie eingesetzt haben? Man kann sich vorstellen, daß einige den *Tenontosaurus* am Schwanz packten, während der Rudelführer auf ihn sprang und mit der Sichelkralle am Hinterfuß den entscheidenden Hieb führte, der dem Gegner die Flanke oder den Bauch aufriß. Oder jagte *Deinonychus* im Familienverband? Afrikanische Wildhunde zeigen sehr eindrucksvoll, wie effektiv diese Jagdform sein kann. Doch erfordert sie auch ein hohes Maß an sozialer Interaktion. So findet vor jeder Jagd eine Art Ritual statt, bei dem die Afrikanischen Wildhunde durch Laute und Unterwerfungsgesten die Gruppenhierarchie bestätigen. Die Beute teilen sie hinterher mit den Jungtieren, aber auch mit den alten und kranken Tieren, die nicht mehr mitjagen können. Heranwachsende Tiere, die schon an der Jagd teilnehmen, dürfen fressen, bevor die Erwachsenen den Rest verzehren.

Das Sozialverhalten des *Deinonychus* verlockt zu Spekulationen. Als Gruppenjäger müssen sie insgesamt ein Leben in der Gruppe geführt haben; daß sie sich bloß zur Jagd zusammenfanden, ist ziemlich ausgeschlossen. Sie lebten also wahrscheinlich in Familienverbänden, zogen die Jungen gemeinsam groß, wechselten als Gruppe von einem Jagdgrund zum nächsten – und doch bleiben bezüglich des „Wie" alle Fragen offen.

Erst bei den in großen Herden lebenden Pflanzenfressern, die am Ende der Kreidezeit die Erde bevölkerten, finden wir überzeugende Beweise für ein komplexes Sozialverhalten der Dinosaurier.

DIE HERDENTIERE

Es sind genügend Massengräber in Nordamerika gefunden worden, um eindeutig zu belegen, daß Hadrosaurier und Ceratopsier in großen Herden zusammenlebten.

In Alberta, Canada, stieß man auf ein *Centrosaurus*-Massengrab von mindestens 300 Tieren jeden Alters. Das rund um den Fundort anstehende Gestein läßt vermuten, daß die Herde einen tiefen Fluß zu überqueren versuchte, dabei von der Strömung erfaßt und weggerissen wurde. Den außerordentlichsten Fund machte man in Montana. Dort fand man die Knochen von mindestens 10 000 *Maiasaura*, die alle gemeinsam umgekommen waren. Vulkanische Gase hatten sie erstickt und der nachfolgende Aschenregen begraben. Solche Funde geben uns Beweise dafür an die Hand, daß die Hadrosaurier (zu ihnen gehört *Maiasaura*) ein hochspezialisiertes Familienleben führten. Es erscheint daher sinnvoll, bei ihnen nach weiteren Hinweisen auf Familien- oder Gruppenverhalten zu forschen.

Einige Hadrosaurier haben Knochenkämme auf dem Kopf, die zu einem Vergleich mit den Hörnern der Antilopen verleiten. Für die Antilopen der afrikanischen Savannen erfüllt dieser Kopfschmuck verschiedene Funktionen, und so wird es auch bei den Hadrosauriern gewesen sein. Zunächst dient die jeweilige Form der Kopfzier als Erkennungszeichen für die Mitglieder derselben Art – ganz wichtig, wenn eine gemischte Herde fliehen muß – sie hilft aber auch, Männchen und Weibchen voneinander zu unterscheiden. Bei den Hadrosauriern fand man Exemplare von jeweils derselben Art mit großen und kleineren Knochenkämmen. Einige konnten mit Hilfe der Kämme vielleicht auch röhrende Laute produzieren.

Dr. David Weishampel von der Johns Hopkins Universität in Baltimore, USA, hat ein Modell des langen Knochenkamms von *Parasaurolophus* mit allen seinen Hohlräumen nachgebaut. Wenn man auf die Weise, wie *Parasaurolophus* es getan haben könnte, Luft durch das Modell bläst, entsteht ein tiefer Ton wie der einer Oboe. Ein solcher Laut, der vielleicht auch variiert werden konnte, erlaubte eine große Palette von Kommunikationsmöglichkeiten, die von der Warnung vor einem Feind bis hin zu Lockrufen in der Paarungszeit gereicht haben mag. Tiefe Töne haben zwei Vorteile: Sie sind sehr weit zu hören, und sie sind schwer zu lokalisieren. Gerade letzteres ist besonders wichtig, denn der *Parasaurolophus*, der andere warnt, möchte sich ja nicht selbst zum Mittelpunkt des Interesses der Angreifer machen.

Neben dem Selbstschutz, den die Herde bietet, schafft sie auch ideale Bedingungen für die Aufzucht der Jungen. Bis vor kurzem gab es nur einen einzigen Hinweis auf das Familienleben der Dinosaurier: Ein in der Wüste Gobi in den 20er Jahren entdecktes Nest mit Eiern des *Protoceratops*, daneben Fußspuren von erwachsenen und jungen Tieren. John Horner machte dann in Montana, USA, eine Serie von aufsehenerregenden Funden, die unser Wissen über die Brutgewohnheiten der Dinosaurier enorm voranbrachten. Der Fund aus der Wüste Gobi war insofern wichtig, als damit erstmals bewiesen war, daß Dinosaurier Eier legten. In den Nestern des *Protoceratops* fanden sich jeweils bis zu 20 längliche Eier, die aufrecht in einem Kreis gelegt waren. Die Mutter mußte also eine etwa einen Meter große Kuhle gegraben haben, über die sie sich hockte und – langsam im Kreis gehend – ein Ei nach dem anderen ablegte. Rund um die Eier war Sand gescharrt, der sie – mit dem dickeren Ende nach oben – aufrecht hielt, um so den Jungen das Schlüpfen zu erleichtern.

Protoceratops war selbst nur zwei Meter lang. Doch selbst die größten Dinosaurier legten nur relativ kleine Eier, denn Eier müssen eine ziemlich dünne Schale haben, damit durch die Poren Sauerstoff hineingelangt, der den Embryo versorgt, aber auch, damit der Schlüpfling sich aus eigener Kraft daraus befreien kann. Ganz sicher haben die Dinosaurier diese höchst zerbrechlichen

Die verschiedenen Formen der Kämme der Hadrosaurier mögen ihnen als Merkmal gedient haben, um die Mitglieder der eigenen Gruppe oder des jeweiligen Geschlechts zu erkennen.

Der lang nach hinten gezogene Kamm des männlichen *Parasaurolophus* diente als Laut- und Sichtsignal. Weibliche Tiere hatten einen kürzeren, stärker gebogenen Kamm, an dem sie innerhalb der Herde erkannt werden konnten.

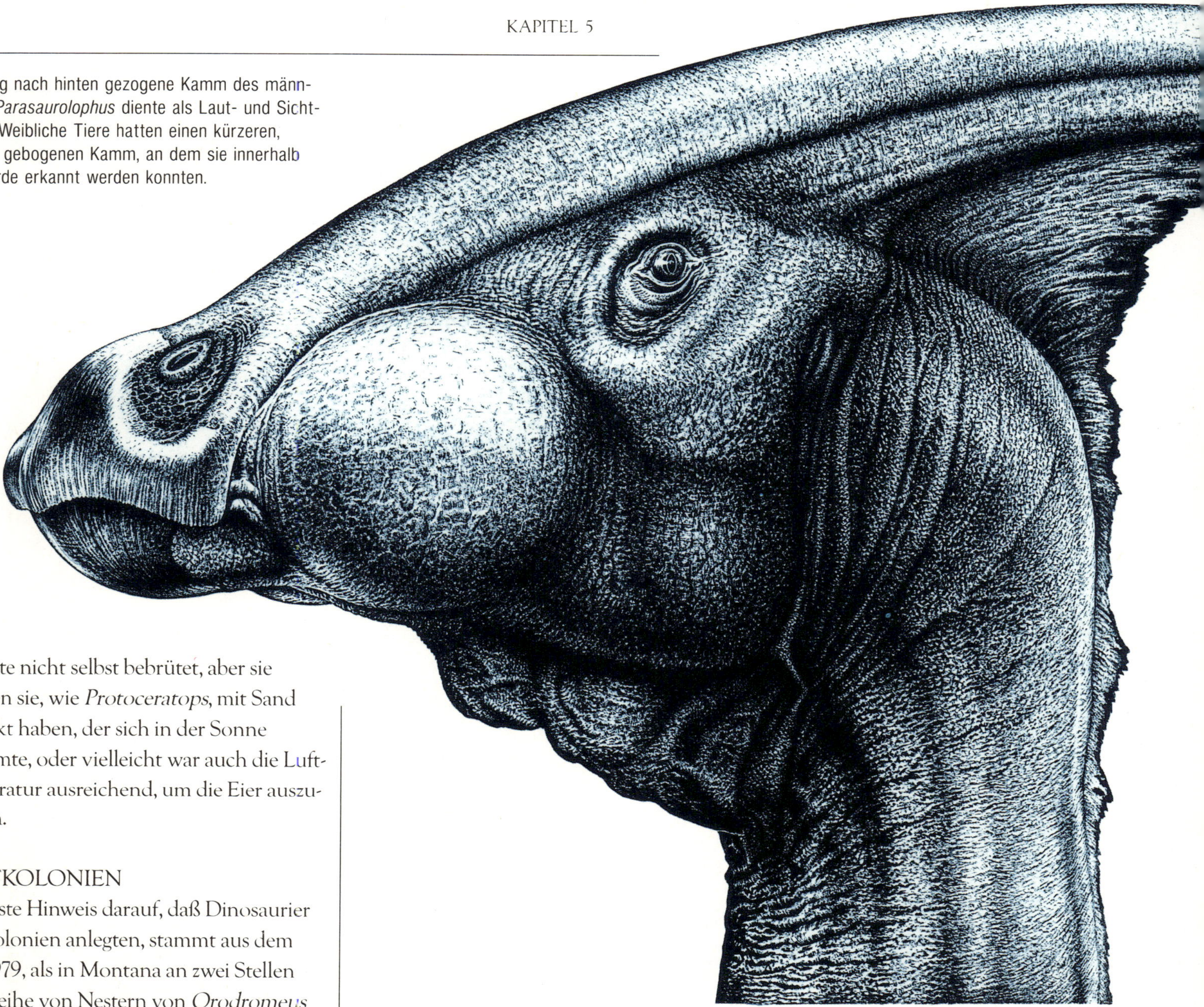

Objekte nicht selbst bebrütet, aber sie können sie, wie *Protoceratops*, mit Sand bedeckt haben, der sich in der Sonne erwärmte, oder vielleicht war auch die Lufttemperatur ausreichend, um die Eier auszubrüten.

NESTKOLONIEN

Der erste Hinweis darauf, daß Dinosaurier Brutkolonien anlegten, stammt aus dem Jahr 1979, als in Montana an zwei Stellen eine Reihe von Nestern von *Orodromeus* nahe beieinander gefunden wurden. Zehn Jahre dauerten die Ausgrabungen, die John Horner und sein Team in die Lage versetzten, die vagen Theorien vom Brutverhalten der Dinosaurier erheblich zu erweitern und zu untermauern.

Beide Fundstellen waren einst vielleicht kleine bewachsene Inseln in einem flachen See gewesen, an dessen Ufer Bäume wuchsen. Die meisten Nester enthielten Gelege von 12 bis 24 spiralförmig angeordneten Eiern, die mit Pflanzenmaterial abgedeckt waren. Das läßt vermuten, daß *Orodromeus*, ähnlich wie das Thermometerhuhn,

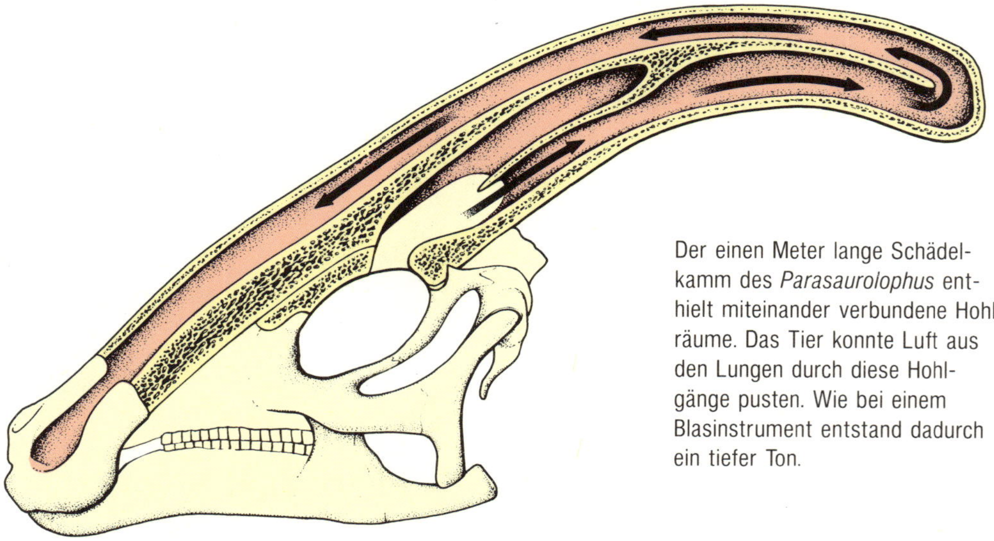

Der einen Meter lange Schädelkamm des *Parasaurolophus* enthielt miteinander verbundene Hohlräume. Das Tier konnte Luft aus den Lungen durch diese Hohlgänge pusten. Wie bei einem Blasinstrument entstand dadurch ein tiefer Ton.

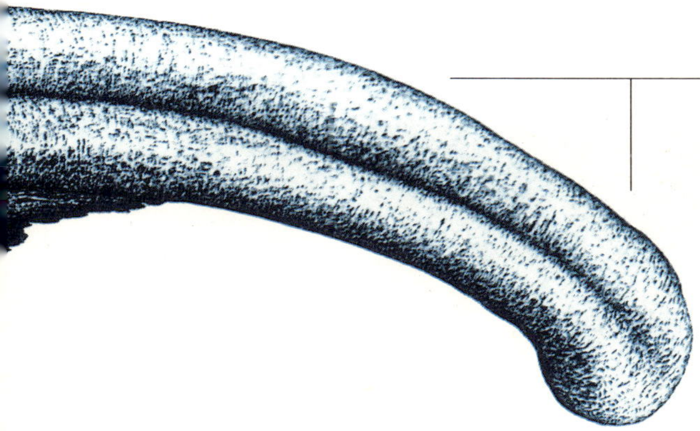

Bruchstücke von Eiern des *Protoceratops* zeigen, daß sie eine rauhe Oberfläche hatten, damit die Poren nicht verstopften; so war ein freier Gasaustausch durch die Schale gewährleistet.

seine Eier von der Wärme verrottenden Komposts ausbrüten ließ.

Das Interessante war, daß die leeren Schalen unversehrt im Nest lagen. Nur die Spitzen, durch die die Jungen geschlüpft waren, hatten sie aufgebrochen. Das läßt vermuten, daß die Jungen Nestflüchter waren, die sofort, vielleicht unter der Führung der Mutter wie junge Entenküken, davonmarschierten. Ein noch im Ei befindlicher, aber voll entwickelter *Orodromeus* hatte fertige Beinknochen und Gelenke, die sein Gewicht hätten tragen können. Die Entdeckung der Skelette von halbwüchsigen Tieren deutet darauf hin, daß sie zwar das Nest verließen, sich aber noch eine Zeitlang in seiner Nähe aufhielten.

Eine genauere Untersuchung der Umgebung der Nester gab tieferen Einblick in die Ausgewogenheit des Ökosystems, in dem die Dinosaurier lebten, denn offensichtlich bot die Brutkolonie einer Reihe von Räubern und Aasfressern Nahrung. Zunächst fand man fossile Knochen von waranähnlichen Echsen. So wie heute Warane oft Krokodilnester plündern, werden ihre prähistorischen Vorfahren über die Nester von *Orodromeus* hergefallen sein. Fossile Knochen kleiner Säugetiere lassen vermuten, daß auch sie die Eier und die frisch geschlüpften Jungen als Nahrung nicht verschmähten. Außerdem fanden sich große Mengen von Insektenlarven in den Nestern. Käfer und andere Insekten der Jetztzeit werden von Nestern angelockt, weil die Eierflüssigkeit und tote Junge eine vorzügliche Nahrungsquelle bilden; warum sollten die Käfer der Kreide nicht die gleiche Möglichkeit nutzen? Aus einem unversehrt wirkenden Ei war sogar der Embryo in der Schale von Insekten weggefressen worden. Schließlich fand man auch Zähne von *Troodon* und dem sehr viel größeren *Albertosaurus*; beide taten sich offensichtlich an solchen Futterplätzen gütlich.

Das überraschendste aber waren Eier artfremder Dinosaurier, die zwischen den Eiern des *Orodromeus* lagen. Sie hatten eine rauhe Oberfläche und lagen paarweise auf dem flachen Boden. Eine Röntgenanalyse ergab, daß es sich um die Eier des *Troodon* handelte. Pflegte er seine Eier, wie heute der Kuckuck, in fremde Nester zu

(Abbildung Seite 62/63) Die jungen *Maiasaura* waren unmittelbar nach dem Schlüpfen noch nicht in der Lage, das Nest zu verlassen. Als Nesthocker wurden sie noch etliche Wochen von ihren Eltern versorgt, was ein rasches Wachstum der Jungtiere zur Folge hatte. Zugleich waren die an das Nest gefesselten Jungen aber auch ein leichtes Opfer für jeden fleischfressenden Eindringling in die Kolonie.

Ein Ei des *Orodromeus*; nur die Spitze, durch die das Jungtier schlüpfte, ist weggesprengt.

legen? Das Wissen um die Brutpflege der Dinosaurier kam erneut einen Schritt vorwärts, als John Horner wiederum in Montana eine große Brutkolonie des *Maiasaura* entdeckte.

Maiasaura, der Name bedeutet „gute Echsenmutter", war ein acht Meter langer Pflanzenfresser, der seine Nester in trockenen Hochlandebenen anlegte – vielleicht, weil dort die geringste Überschwemmungsgefahr herrschte, vielleicht auch, weil eine Ebene gut zu überschauen ist. Das erinnert an das Brutverhalten mancher Vögel, die außerdem darauf bauen, daß die schiere Größe der Kolonie den Jungtieren Schutz vor Feinden bietet.

Maiasaura kehrte vermutlich jedes Jahr zu denselben, gewohnten Brutplätzen zurück; die Nester wurden aufgefrischt und wieder benutzt. Die Legestellen selbst hatten etwa zwei Meter Durchmesser, einen aufgewölbten Rand aus Schlamm und Steinen und waren mit Blättern ausgepolstert. Zwischen den einzelnen Nestern war je eine Dinosaurierlänge Zwischenraum, damit sich die Tiere nicht gegenseitig behinderten. Die Gelege umfaßten bis zu 25 Eier, die so im Kreis gelegt waren, daß sie sich nicht berührten.

Maiasaura benutzte wahrscheinlich die gleiche Methode des Ausbrütens wie *Orodromeus*, das heißt, er häufte verrottendes Pflanzenmaterial über die Eier. Dennoch herrschte ein großer Unterschied zwischen den beiden Arten. Die Jungen von *Maiasaura* nämlich blieben nach dem Schlüpfen noch einige Wochen lang im Nest, wo sie offensichtlich von den Eltern gefüttert und versorgt wurden. Wir können das mit ziemlicher Sicherheit sagen, denn anders als die Schalen in den Nestern des *Orodromeus* sind die Eierschalen in den Nestern der *Maiasaura* völlig zerbrochen und regelrecht von den Jungtieren zertrampelt. Daneben finden sich Überreste vorverdauter Beeren und Blätter – wohl das Futter, das die Alten brachten. Die frischgeschlüpften *Maiasaura* waren 30 Zentimeter lang, ihre Gelenke waren noch nicht fertig ausgebildet. Erst wenn sie eine Länge von etwa 1,5 Metern erreicht hatten, konnten sie selbständig das Nest verlassen. Das dürfte schnell gegangen sein, denn wenn man nur dasitzt und sich füttern läßt, kann man schnell wachsen. Am Ende ihres ersten Lebensjahres waren die kleinen *Maiasaura* etwa 2,4 Meter lang und konnten zusammen mit den Erwachsenen zu den Weiden in den Tälern ziehen. Wie lange junge und alte Tiere als Familienverband zusammenblieben, ist natürlich unbekannt. Computersimulationen zufolge dürfte es zehn bis zwölf Jahre gedauert haben, bis ein *Maiasaura* geschlechtsreif war und sich seinerseits fortpflanzte. Ein kleiner Elefant beispielsweise bleibt 15 Jahre bei der Mutter, erst dann macht er sich selbständig.

Das Brutverhalten von *Maiasaura* und *Orodromeus* zeigt uns den hohen Grad der sozialen Entwicklung der Dinosaurier. Es spiegelt genau die beiden Verhaltensweisen, die wir bei den heutigen Vögeln beobachten können, auch hier gibt es Nesthocker, die lange von den Eltern versorgt werden müssen, und Nestflüchter, die sofort nach dem Schlüpfen das Nest verlassen können. Die großen Brutkolonien von *Maiasaura* deuten ebenfalls auf eine hohe soziale Entwicklung hin, denn die Tiere müssen über einen Heimfindeinstinkt verfügt haben – wie Schwalben oder Tauben –, der ihnen half, Jahr für Jahr die alte Brutkolonie wieder aufzusuchen. Dem Nestbau selbst liegt zwar instinktives Verhalten zugrunde, doch um zusammen mit anderen eine Kolonie anzulegen, sind unbedingt kommunikative Fähigkeiten nötig. Die Eltern müssen auch in der Lage gewesen sein, das eigene Nest und die frisch geschlüpften Jungen unter allen anderen zu erkennen. Spielte dabei der Geruchssinn eine Rolle? Gaben die Tiere Laute von sich? Unterschieden sie sich durch Zeichnung oder Farbe? Fragen, die wir nicht beantworten können; doch das hohe Niveau der Sozialordnung der Dinosaurier steht außer Frage.

Eine *Maiasaura*-Herde kehrte jedes Jahr zu ihrem angestammten Brutplatz zurück; man hat mehrere Lagen von übereinander angelegten Nestern gefunden. Die Nester waren jeweils eine *Maiasaura*-Länge voneinander entfernt, so daß jedes Tier Bewegungsraum hatte. In jedem Nest lagen bis zu 25 Eier.

Unten: Dieses Modell eines *Orodromeus*-Nestes wurde nach einem Fund in Montana, USA, angefertigt. Die Mutter legte zwölf Eier in einer Spirale. Zwischen den Eiern ließ sie genügend Abstand, daß die Jungen ungehindert schlüpfen und sofort danach das Nest verlassen konnten. Die geöffneten Eier zeigen die Stelle, an der die Jungen die Schalen von innen aufgebrochen haben.

WESEN AUS FLEI

6 Die fossilen Überreste sagen uns eine Menge über die Knochen und Zähne der Dinosaurier, über alles andere schweigen sie sich aus. Was für eine Hautfarbe hatten sie? Wie gut konnten sie sehen,

SCH UND BLUT 6

hören oder riechen? Waren sie Warm- oder Kaltblüter? Vergleiche mit heute lebenden Tieren helfen uns zwar ein bißchen weiter, doch die meisten Fragen sind noch immer nicht endgültig beantwortet.

Gemeinhin stellt man sich die Dinosaurier als riesige, merkwürdig gebildete Kreaturen vor. Tatsächlich waren sie ganz normale Tiere, deren Körper dieselben Grundfunktionen erfüllen mußten wie der Körper einer Schildkröte oder eines Menschen. Um die Dinosaurier als Lebewesen verstehen zu können, müssen wir die Schlagzeilen über ihre Größe und ihr Gewicht vergessen und statt dessen versuchen, die Biologie ihrer Körper zu begreifen.

Alle Dinosaurier hatten ein Knochenskelett, das sich aus denselben Grundbausteinen zusammensetzte: Schädel, Wirbelsäule, Rippen, Schultern, Becken, Beine und Schwanz. Das Becken verrät uns, welcher der beiden Hauptgruppen das jeweilige Tier zugehört, ob es sich um einen „Echsenbecken-Dinosaurier" (Ordnung *Saurischia)* oder einen „Vogelbecken-Dinosaurier" (Ordnung *Ornithischia)* handelt.
Das Becken setzt sich aus drei Knochen zusammen: dem Darmbein *(Ilium)*, dem Sitzbein *(Ischium)* und dem Schambein *(Pubis)*. Wenn Sitz- und Schambein so am Darmbein ansitzen, daß das Schambein nach vorn, das Sitzbein nach hinten weist, dann haben wir einen Saurischier vor uns. Zu dieser Gruppe gehören alle Fleischfresser unter den Dinosauriern, aber auch die Sauropoden und ihre Verwandten, die Pflanzenfresser waren. Eidechsen und Krokodile weisen einen ähnlichen Beckenbau auf. Bei den Ornithischiern weisen Sitz- und Schambein parallel nach hinten, ähnlich wie bei den heutigen Vögeln, daher auch ihr Name Vogelbecken-Dinosaurier. Alle Ornithischier waren Pflanzenfresser, und unter den Fossilien machen sie den größten Teil aus. Trotz der ähnlichen Beckenstruktur besteht zwischen den Ornithischiern und den Vögeln aber keine verwandtschaftliche Beziehung.

(Abbildung Seite 66/67) Drei Arten nordamerikanischer Hadrosaurier aus der späten Kreide – *Parasaurolophus, Corythosaurus* und *Lambeosaurus* – spüren die Gefahr, die von einem sich nähernden Raubtier ausgeht.

KNOCHEN UND MUSKELN

Waren die Grundbausteine der Dinosaurier-Skelette auch die gleichen, so unterschieden sich die Knochen der einzelnen Arten doch sehr voneinander. Für die schweren Pflanzenfresser waren starke Beine das wichtigste, deshalb waren ihre Schenkelknochen riesig groß, kompakt und in der Lage, enorme Lasten zu tragen. Dagegen waren andere Knochen sehr leicht gebaut, ohne deshalb zerbrechlich zu sein. Die Wirbel des Sauropoden *Ornithopsis* beispielsweise hatten große Hohlräume, was die Wirbel leichter machte, ohne daß sie deshalb schwächer als massive Wirbel gewesen wären. Ihre Tragkraft war genauso gut. Kleinere, schnelle Dinosaurier wie etwa der pflanzenfressende *Dryosaurus*, wiesen dünnwandige, lange Knochen auf ähnlich den heute lebenden schnellaufenden Tieren. Der Knochen ist eine hohle Röhre, deren Außenwand aus schwerem Knochenmaterial besteht und die im Innern leichtes Mark enthält. Solche Knochen geben beispielsweise der Gazelle ein starkes, aber sehr bewegliches und vor allem leichtes Skelett.
Jedes Dinosaurierskelett wurde – genau wie unser Körper auch – aus einer verwobenen Menge von Bändern, Sehnen und Muskeln zusammengehalten. Bei einigen fossilen Knochen erkennt man Muskelrillen, rauhe Stellen am Knochen, an denen die Muskeln ansaßen. Mit ihrer Hilfe kann man die mögliche Größe und genaue Lage der wichtigsten Muskeln bestimmen. Ein guter Anatom kann die einzigartige Struktur eines jeden Skeletts genau interpretieren, er kann sagen, wo welche Muskeln gesessen haben und welche Glieder sie wie und in welche Richtung bewegten. Wir wissen zum Beispiel, daß Dinosaurier wie die heutigen Reptilien und die Vögel sehr wenige Gesichts-

Dieser Wirbel aus der Mitte des Rückgrats eines *Ornithopsis*, eines großen, mit *Diplodocus* verwandten, vierbeinigen Pflanzenfressers, weist große Hohlräume auf, die das Gewicht reduzieren. Der Knochen ist eine geniale Strebenkonstruktion, die bei minimalem Eigengewicht ein Maximum an Tragkraft aufweist.

Oben: Schnelligkeit war für *Dryosaurus*, einen kleinen Pflanzenfresser, lebensnotwendig. Dünnwandige hohle Knochen, wie die der Gazellen, gaben dem Skelett Festigkeit, ohne es durch Gewicht zu belasten. *Unten:* Massive, säulengleiche Beinknochen trugen die 20 bis 30 Tonnen des *Apatosaurus*; der Oberschenkelknochen ist 1,5 Meter lang.

muskeln besaßen und deshalb ziemlich ausdruckslose Gesichter hatten. Die rekonstruierten Kopfmodelle, die man in den Museen findet, sehen meist aus wie Haut und Knochen. Das dürfte der Wirklichkeit entsprechen, denn an den Köpfen saß eben wenig auspolsternde Muskelmasse. Dennoch herrscht auch bei der Frage nach dem Bau der Skelette noch so mancher Zweifel. Damit ein so gigantischer Pflanzenfresser wie *Diplodocus* seine Beine bewegen konnte, brauchte er mächtige Muskelpakete; von diesen fehlt aber bisher jede fossilierte Spur. Die sich enorm weit öffnenden Kiefer des *Tyrannosaurus* müssen dagegen von sehr fein aufeinander abgestimmten Muskeln und Sehnen bewegt worden sein – auch sie haben keine Spuren hinterlassen. Wie beweglich war der Schwanz des

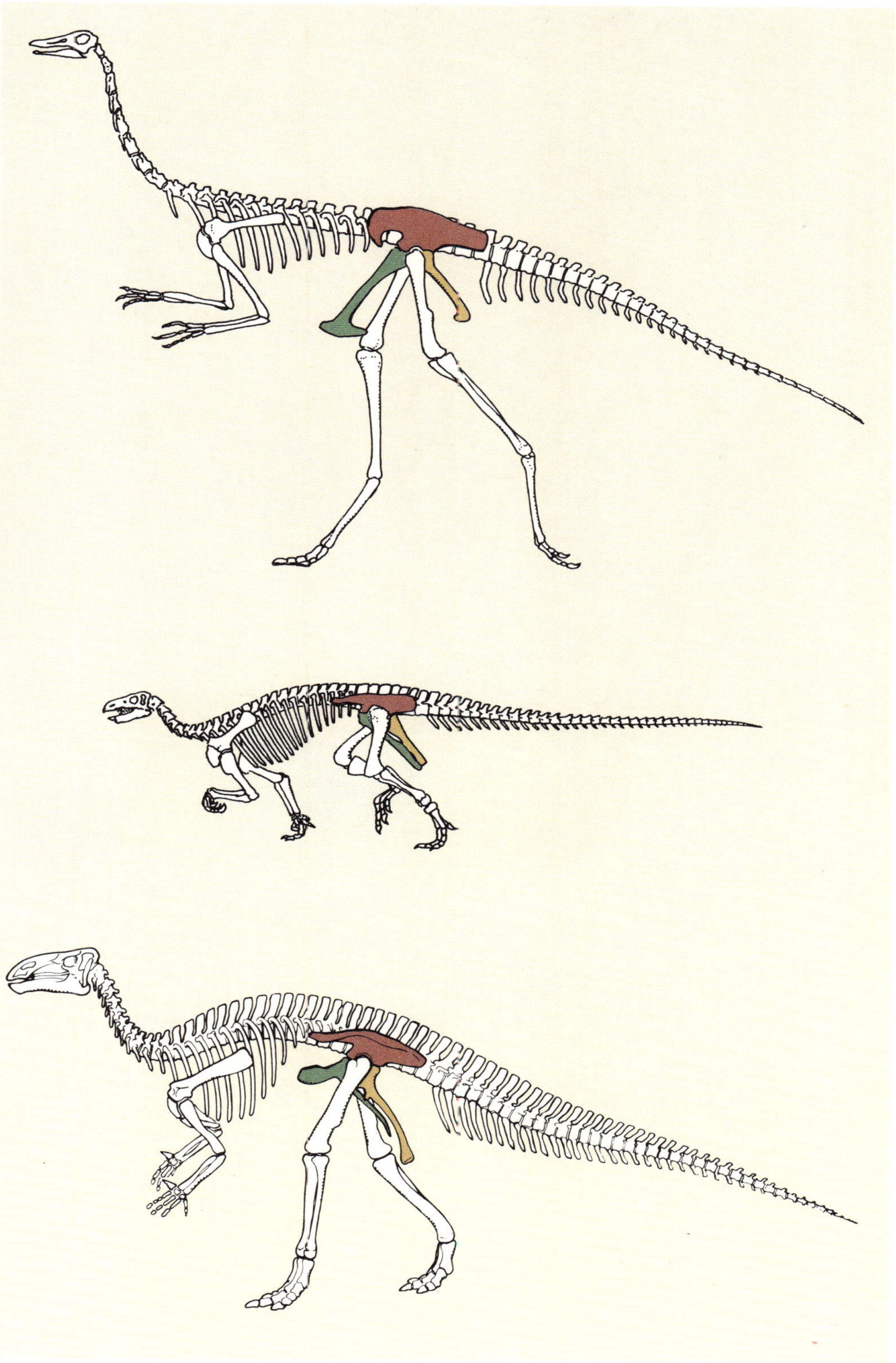

Das Becken setzt sich aus drei Knochen zusammen: Darmbein (rot); Sitzbein (gelb) und Schambein (grün). *Oben:* Bei der Ordnung der Saurischiaer zeigen Scham- und Sitzbein in verschiedene Richtungen. *Mitte:* Bei frühen Ornithischiern wie *Scelidosaurus* verlaufen Scham- und Sitzbein parallel und zeigen zum Schwanz. *Unten:* Späte Ornithischier wie *Iguanodon* entwickeln einen nach vorn zeigenden Dorn am Schambein. Das macht sie aber nicht zu Saurischiern.

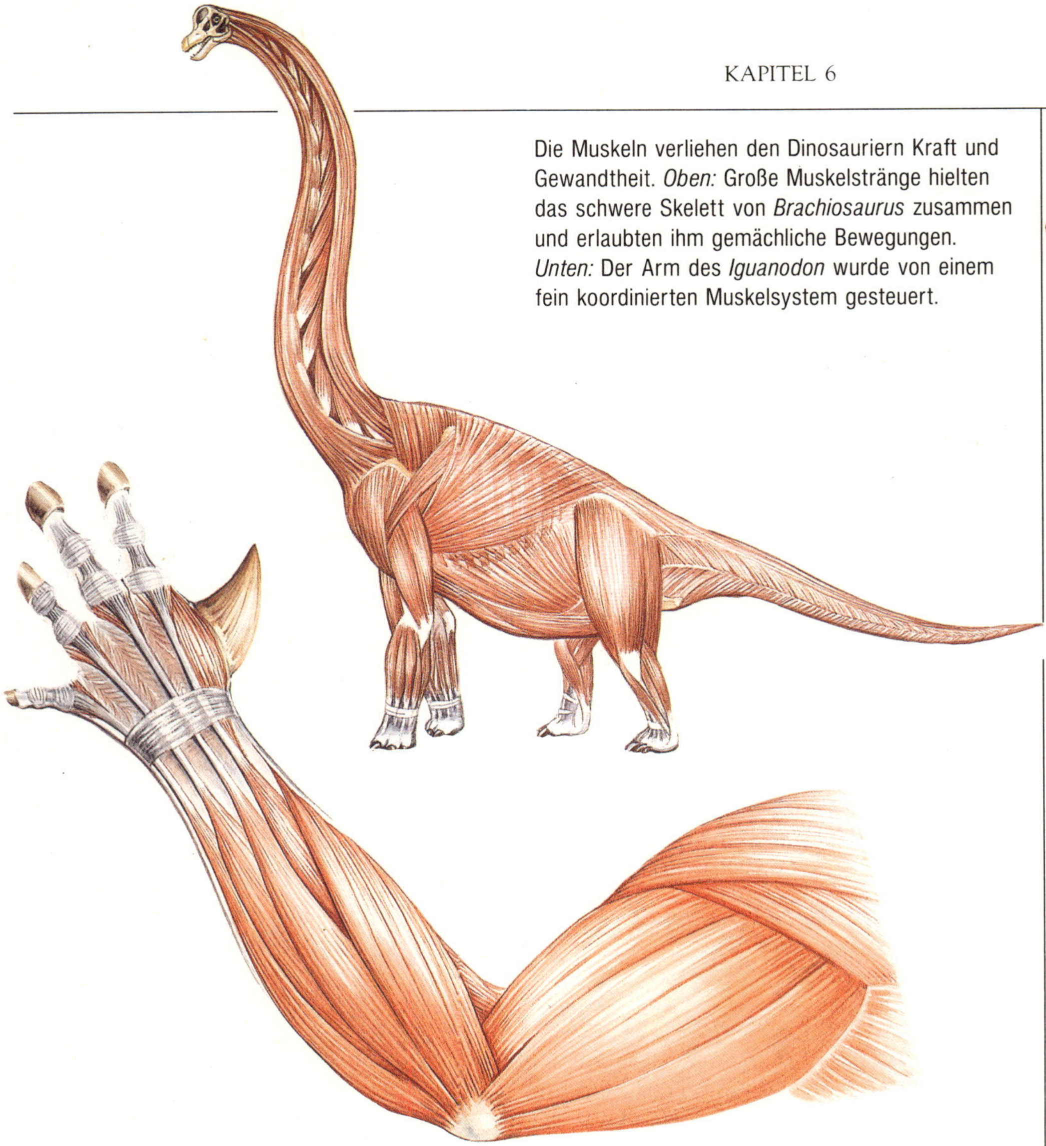

Die Muskeln verliehen den Dinosauriern Kraft und Gewandtheit. *Oben:* Große Muskelstränge hielten das schwere Skelett von *Brachiosaurus* zusammen und erlaubten ihm gemächliche Bewegungen. *Unten:* Der Arm des *Iguanodon* wurde von einem fein koordinierten Muskelsystem gesteuert.

Tenontosaurus, konnte er ihn nur auf und ab oder auch zur Seite bewegen? Hatte *Albertosaurus* eine tiefe, muskulöse Kehle wie eine Bulldogge oder eine hoch am Nacken angesetzte Halsmuskulatur? Niemand weiß es genau, und wenn wir auch Vergleiche zur heutigen Tierwelt anstellen können, so sind das doch keine Beweise. Je nachdem, wie ein Wissenschaftler sich Leben und Fortbewegung eines Dinosauriers vorstellt, wird er die Muskeln rekonstruieren und zueinander in Proportion setzen. Es ist faszinierend, sich die Illustrationen anzusehen, die im Laufe der Zeit von den verschiedenen Arten der Dinosaurier entworfen wurden. Auf alten Bildern erscheint *Tyrannosaurus* dick und schwer, doch mit schwächlichen Muskeln, ganz der Vorstellung von dem behäbigen Tier entsprechend, die man von ihm hatte. Jüngere Illustrationen zeigen dagegen einen muskulösen, aktiven Jäger. Es ist eben alles eine Frage der Auslegung der wenigen Tatsachen, über die wir verfügen.

HAUT UND PANZERUNG

Über dem Skelett und den tragenden Muskeln hatte jeder Dinosaurier eine schuppige Außenhaut, die meist zusätzlich mit knöchernen Plättchen oder Platten durchsetzt war, und viele hatten Klauen, Hörner und Stacheln. Fossilierte Haut findet man sehr selten, doch die Knochenplättchen, die, ähnlich wie bei einer Eidechse oder

Die rauhe Oberflächenstruktur dieses Fußknochens eines *Iguanodon* läßt erkennen, wo die Muskeln und Sehnen am Knochen ansaßen.

einem Krokodil, in die Haut eingebettet waren, sind oft erhalten.
Bei den schwer gepanzerten Ankylosauriern bildeten die großen Platten und verhärteten Schuppen einen hervorragenden Schutz gegen Angreifer. Die großen, senkrecht stehenden Platten, die *Stegosaurus* auf dem Rücken hatte, hält man heute allerdings nicht mehr für Abwehrwaffen – um den höchst gefährdeten weichen Bauch zu schützen, waren sie völlig nutzlos –, vielmehr glaubt man, daß sie zum Wärmeaustauschsystem des Körpers gehörten.
Wahrscheinlich konnte *Stegosaurus* sein Blut durch die Haut pumpen, die die Platten überzog. Stellte er sich dann breitseitig in die Sonne, heizte sie das Blut rasch auf. Wurde ihm zu warm, ging er in den Schatten oder wandte die Schmalseiten der Platten der Sonne zu. Eine ansonsten wenig bekannte und recht unerforschte Gruppe von Theropoden, die Spinosauriden, nutzten ein ähnliches System. *Ouranosaurus*, ein Verwandter des *Iguanodon* hatte 1,8 Meter lange Stacheln auf dem Rücken, die sehr wahrscheinlich ein riesiges Hautsegel stützten. Das hätte eine wunderbar wirkungsvolle Fläche für ein Wärme- und Kühlsystem abgegeben.
Klauen und Hörner wurden im allgemeinen von einem Knochenkern gestützt, der von einer festen, dicken Keratinschicht umhüllt war; aus derselben Substanz bestehen unsere Finger- und Fußnägel. Diese Knochenkerne haben seitlich eine oder zwei Rillen, in der die Hornmasse verankert war. Die Klauen der Pflanzenfresser waren meist stumpf oder hufähnlich ausgebildet, während die Fleischfresser scharfe Krallen hatten. Was die Frage der Hautfarbe der Dinosaurier angeht, so haben wir wenig Fakten und viele Vermutungen. Noch kontroverser aber wird die Frage diskutiert, ob einige Dinosaurier statt der Schuppenhaut eventuell Federn hatten. Es war der russische Wissenschaftler S.M. Kurzanow, der, angeregt durch das Studium des kleinen fleischfressenden *Avimimus*, Ende der 70er Jahre mit dieser erstaunlichen Idee aufwartete. Er meinte beobachtet zu haben, daß die Oberarmknochen dieses Dinosauriers ähnliche Federhalterungspunkte zeigten wie die der Vögel. Wenn *Avimimus* diese Besonderheit aufwies, dann war sie vielleicht auch bei anderen Carnivoren zu finden. Die Frage ist heiß umstritten, doch eine Reihe von Dinosaurier-Experten sind bereit, sich der Federtheorie anzuschließen.
Wieso Federn? Es herrscht allgemeine Übereinstimmung, daß die Vögel von kleinen fleischfressenden Theropoden abstammen. Sicherlich wuchs diesen Vorfahren nicht über Nacht ein volles Federkleid, und fertig waren die Vögel – es muß vielmehr ein langer Entwicklungsprozeß vorausgegangen sein, in dessen Verlauf kleine Theropoden so etwas wie Federn bekamen, die letztlich ja nichts anderes sind als umgebildete Schuppen. Federn sind nicht nur zum Fliegen gut geeignet, sie stellen auch, wie die Pinguine zeigen, einen hervorragenden Wärmeschutz dar. Ein paar der kleinen

Der schwere Hornschild mit den Knochenhörnern am Kopf des *Triceratops* machte ihn selbst für einen großen Jäger wie *Tyrannosaurus* zu einem gefährlichen Gegner. Nur zu leicht konnte er ihm tödliche Verletzungen damit beibringen.

Seine außerordentlich großen Augen und ein gleichermaßen großes Gehirn lassen vermuten, daß *Troodon* ein intelligenter Jäger war, der vielleicht in der Dämmerung nach seiner Beute jagte.

Fleischfresser hatten also möglicherweise gegen Ende der Dinosaurierzeit Federn. Jedenfalls erscheint es legitim, wenn einige Illustratoren ihre Dinosaurier mit Flaumfedern, Nackengefieder und langen Schwungfedern an Armen und Schwanz darstellen. Der amerikanische Illustrator Gregory Paul malt seine kleinen Theropoden prinzipiell mit Federn, auch wenn diese Betrachtungsweise nicht allgemein anerkannt ist.

DUMM ODER GESCHEIT?

Waren die Dinosaurier dumm? Als der bedeutende amerikanische Paläontologe Othniel Marsh 1883 eine Beschreibung des *Brontosaurus* (jetzt *Apatosaurus* genannt) vorlegte, nannte er ihn ein „dummes, schwerfälliges Reptil", Worte, die eine Einschätzung spiegeln, die auch heute noch vorherrscht. Wenn wir uns aber die Sinnesleistungen der Dinosaurier vor Augen halten sowie das Hirn, das diese Leistungen kontrollierte und koordinierte, so entsteht ein etwas anderes Bild.

Man hat in die Beantwortung der Frage, wie groß die Gehirne der Dinosaurier im Vergleich zu ihrem Körpergewicht waren, viel Forschungsarbeit gesteckt. Wo ein gut erhaltener Schädel ist, stellt das kein Problem dar. Man muß nur den Volumeninhalt der Hirnschale berechnen und außerdem in Betracht ziehen, daß nicht der ganze Hohlraum mit Hirnmasse gefüllt ist, um ein ungefähres Bild von der Größe und dem Gewicht des Hirns zu bekommen. Es besteht absolut kein Zweifel daran, daß einige Dinosaurier mit einem Minimum an Hirn auskamen. *Stegosaurus* beispielsweise wog 3,3 Tonnen – so viel wie ein heutiger Elefant –, brachte aber nur ganze 60 Gramm Hirn auf die Waage; ein Elefant hat das dreißigfache Hirnvolumen. Bei den großen Sauropoden ist das Verhältnis zwischen Gehirn und Körpergewicht sogar noch dramatischer, 100 000 : 1. Aber das ist auch nicht überraschend. Soweit wir wissen, brauchten sie nicht allzu viel Hirn, um ihre Art von Leben zu führen. *Brachiosaurus* mußte weder jagen, um an sein Fressen zu kommen, noch mußte er sich vor irgendwelchen Feinden schützen – beides Tätigkeiten, die Hirn erfordern. *Stegosaurus* lebte wahrscheinlich in locker gefügten Herden, doch sein Leben hing nicht von einer besonders ausgefeilten Kommunikation im Herdenverband ab. Und schnell reagieren können, wie die unbewaffneten Hadrosaurier, deren Heil in der Flucht lag, mußte er auch nicht. Eine einfache Lebensführung verlangt weniger Koordination und Kontrolle. Wir sollten also erwarten, daß das Hirn umso größer ist, je komplexer die Anforderungen werden, die eine bestimmte Lebensweise mit sich bringt – langsame, durch Größe oder Panzerung geschützte Pflanzenfresser am unteren Ende der Skala, Herdentiere und Gemeinschaftsjäger in der Mitte, extrem schnell laufende Jäger an der Spitze. Genau das fand James Hopson von der Universität Chikago, USA, durch seine Untersuchungen bestätigt. Seinen Forschungen zufolge, bei denen er Körpergröße und Hirnmasse zueinander in Relation setzte, bilden die Sauropoden das untere Ende der Intelligenzskala. Ihnen folgen dann die Ankylosaurier, die Stegosaurier, die Ceratopsier, die Ornithopoden, die Carnosaurier und schließlich die Coelurosaurier.

Die Schädelform verrät ebenfalls einiges über die relative Größe des Gehirns, über Bedeutung und Komplexität der Sinnesorgane und folglich die Leistungsfähigkeit des Gehirns. Große, nach vorn gerichtete Augenhöhlen deuten auf ein Tier, das vor allem die Augen nutzt, große Öffnungen in der Vorderschnauze lassen das geruchsorientierte Tier vermuten.

Die meisten Dinosaurier hatten eine monokulare Sicht, das heißt, die seitlich am Kopf sitzenden Augen erfaßten jeweils ein eigenes Sichtfeld. Sie konnten ihre Umgebung dadurch zwar in einem sehr weiten Winkel überschauen, da sich die Bilder des rechten und des linken Auges aber nicht überschnitten, konnten sie keine Entfernungen abschätzen. Dazu braucht man nach vorn gerichtete Augen und ein Gehirn, das in der Lage ist, die von den Augen aufgenommene Information zu verarbeiten und zu interpretieren. Es scheint erwiesen, daß einige der großen Fleischfresser wie *Tyrannosaurus* wenigstens teilweise überlappende Gesichtsfelder hatten, daß aber erst die flinken kleinen Carnivoren über die voll ausgebildete beidäugige Sicht verfügten. Ihre Gehirne waren besonders in den Bereichen entwickelt, die die Koordination von Sichtinformation, Lauf- und Handbewegung steuern. Das war der Schlüssel zum Erfolg für kleine Jäger wie *Troodon*, der rasch huschende Säuger und Eidechsen aufspüren und fangen konnte. Nach der Größe seiner Augenhöhlen zu urteilen, hatte er ungewöhnlich große Augen, und unter allen Dinosauriern im Verhältnis zur Körpergröße das größte Gehirn, durchaus vergleichbar mit heutigen kleinen Säugern. Wie die Dinosaurier ihre Welt sahen, werden wir nie wissen. Einige Reptilien und die meisten Vögel können Farben sehen. Überhaupt haben Vögel von allen Tieren die schärfsten Augen. Falken haben achtmal mehr Sehzellen auf einen Punkt gebündelt als der Mensch, sie erkennen scharf umrissene Formen, wo wir nur noch verwaschene Konturen sehen. Vögel haben auch relativ große Augäpfel, die manchmal mehr Platz im Schädel einnehmen, als das Gehirn – die Augen eines Straußes sind groß wie ein Tennisball. Alles scheint darauf hinzudeuten, daß die Augen auch für die Dinosaurier ein wichtiges Sinnesorgan darstellten. Der Bogen spannte sich vom gering ausgeprägten Sehvermögen des *Protoceratops* und des *Tuojiangosaurus* über das weitwinklige, eine ganze Ebene überschauende Blickfeld eines Hadrosauriers bis zum „Adlerauge" des *Troodon*. Die Dinosaurier hatten keine äußeren Ohrmuscheln wie die Säugetiere, hörten aber durch Löcher, die am Hinterkopf hinter den Augen saßen. Reptilien und Vögel verfügen über ähnlich eingerichtete, schlitzähnliche Ohröffnungen, die mit den entsprechenden Organen im Gehirn verbunden sind. Besonders für Vögel ist das Hören aufs engste mit ihrem Sozialverhalten verknüpft, schließlich sind sie die ausdrucksvollsten Sänger unter allen Tieren. Ein männlicher Vogel kann über ein Reper-

Das Hirn das sich einst in dieser Schädelkapsel des *Iguanodon* befand, ist nicht erhalten, doch ein Silikon-Abguß des Hohlraums zeigt die ungefähre Größe und Form des Gehirns, das er einst beherbergte.

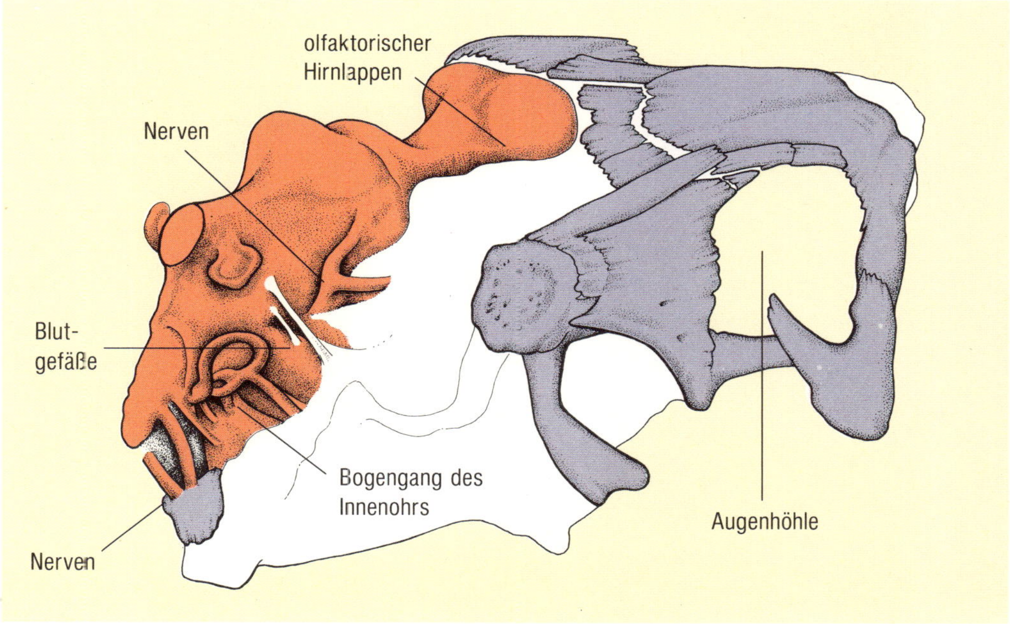

Neben diesen fossilen Überresten eines *Iguanodon*-Schädels (blau), fand sich ein natürlich gebildeter Abguß des Gehirns (rot). Der große olfaktorische Hirnlappen im vorderen Schädelbereich deutet auf einen hochentwickelten Geruchssinn. Nerven und Blutgefäße, die zu Augen, Gesicht und Ohren führen, sind zu sehen, selbst der Bogengang des Innenohrs ist erhalten, der Sitz des Gleichgewichts stimmt.

toire von mehreren hundert Melodien verfügen, die jeweils eine eigene Bedeutung haben, die von den anderen Mitgliedern seiner Art verstanden wird. Die in organisierten Herden lebenden Dinosaurier mit ihrem großen Kommunikationsbedürfnis hatten wahrscheinlich die am besten ausgebildeten Gehöre. Und Hadrosaurier zeigen deutliche Hinweise auf die Fähigkeit, mit ihren Nasentrompeten und Luftsäcken Laute produzieren zu können. Ihre schlichte Ausrüstung reichte nicht, um die Vielfalt von Trillern, winzigsten Pausen und extrem hohen Tönen hervorzubringen, die Vögel produzieren können, aber eine einfache Hadrosaurier-Sprache, die zwischen Warn- und Lockrufen unterschied, könnte es gegeben haben. Auch der in Gruppen jagende *Deinonychus* war auf eine wie auch immer geartete Kommunikation bei der koordinierten Verfolgung der Beute angewiesen. Man möchte aber aus rationalen Gründen annehmen, daß es sich eher um eine visuelle Kommunikation handelte, denn es ist wenig sinnvoll, sich durch Gebell zu verständigen, wenn man einer Beute auflauert.

Wir dürfen wohl annehmen, daß Dinosaurier eine Reihe von Lauten von sich gaben, um ihr Territorium zu verteidigen, um Paarungspartner anzulocken, um Feinde zu erschrecken oder um vor Gefahren zu warnen. Würde uns ein altes Tonband aus dem Mesozoikum in die Hände fallen, würden wir sicherlich alle möglichen Laute hören, hier ein Grunzen, da ein Quieken, dort ein Röhren, Brüllen oder Schnarren, dazwischen vielleicht ein Zwitschern und ein Zirpen, ein Knurren oder Gurren. Der Geruchs- und der Geschmackssinn sind zwei eng miteinander verknüpfte Sinne, die im Gehirn von der gleichen Stelle aus kontrolliert werden. Raubtiere brauchen den Geruchssinn, um der Beute auf der Spur bleiben zu können, aber auch manche Pflanzenfresser unterscheiden ‚gutes' von ‚schlechtem' Futter am Geruch. Auch in der Paarungszeit spielt der Geruchssinn bei vielen Tieren eine ganz wichtige Rolle. Man kann sich nur schwer vorstellen, daß sich ein großer Carnivore wie *Allosaurus* viel um den Geschmack des Fleisches scherte, das er in Riesenbrocken hinunterschlang. Wahrscheinlich hatte er eine einfache, rauhe Zunge, deren Aufgabe darin bestand, die Brocken so zu plazieren, daß sie möglichst gut und schnell geschluckt werden konnten. Pflanzenfresser, zumal solche, die lange auf ihrer Nahrung herumkauten, brauchten nicht nur flexiblere Zungen, um den Speisebrei im Maul umzuwälzen, sie mögen auch Geschmacksknospen auf der Zunge gehabt haben. Eines der wenigen als Fossil erhaltenen Gehirne ist das eines *Iguanodon*, und es zeigt gut entwickelte olfaktorische Hirnlappen – jener Teil des Hirns, in dem Geruchsinformationen auf-

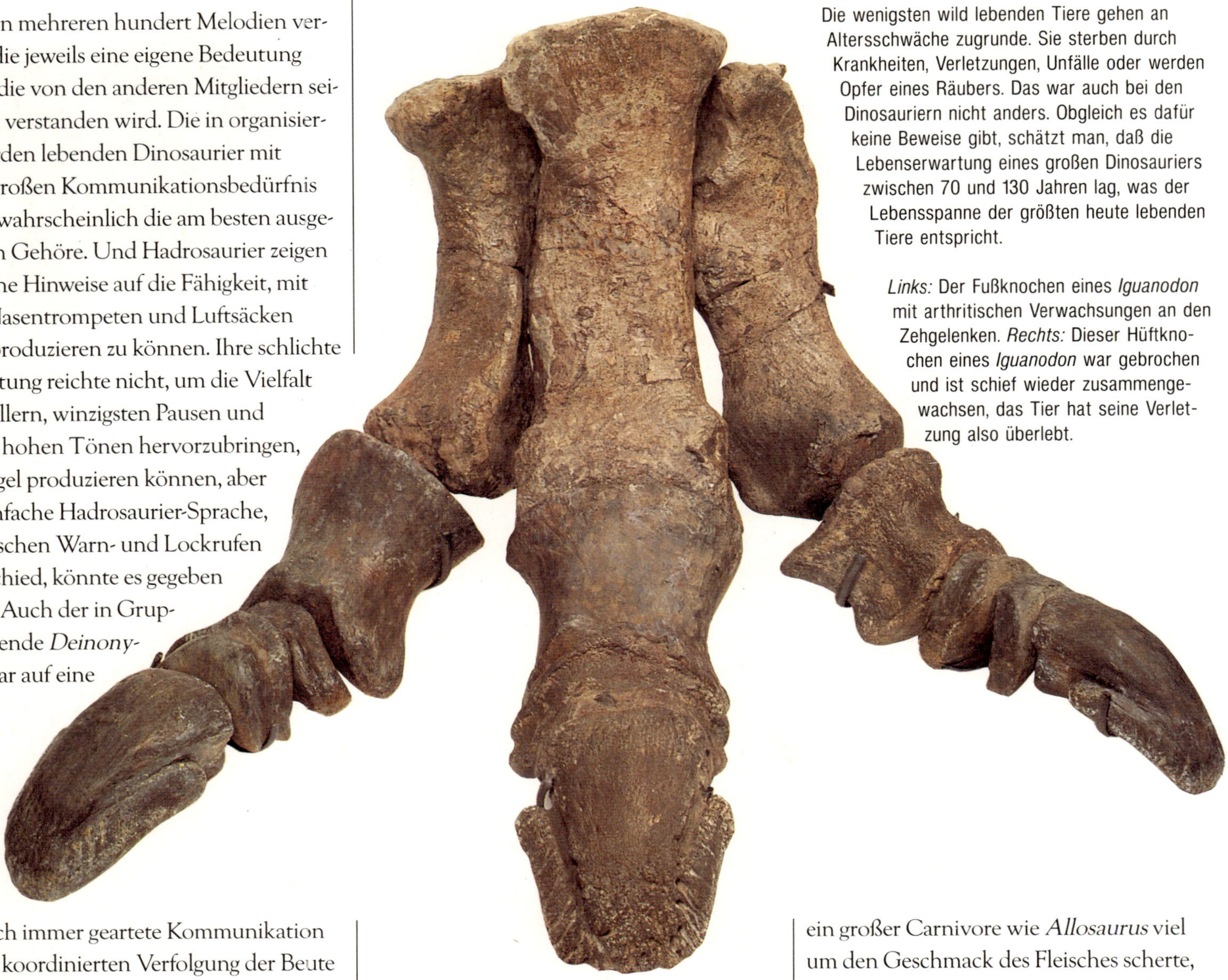

Die wenigsten wild lebenden Tiere gehen an Altersschwäche zugrunde. Sie sterben durch Krankheiten, Verletzungen, Unfälle oder werden Opfer eines Räubers. Das war auch bei den Dinosauriern nicht anders. Obgleich es dafür keine Beweise gibt, schätzt man, daß die Lebenserwartung eines großen Dinosauriers zwischen 70 und 130 Jahren lag, was der Lebensspanne der größten heute lebenden Tiere entspricht.

Links: Der Fußknochen eines *Iguanodon* mit arthritischen Verwachsungen an den Zehgelenken. *Rechts:* Dieser Hüftknochen eines *Iguanodon* war gebrochen und ist schief wieder zusammengewachsen, das Tier hat seine Verletzung also überlebt.

genommen und verarbeitet werden.

Iguanodon hatte ein großes, breites Maul, das genügend Raum für Sinnesorgane bot, und so können wir annehmen, daß zumindest dieser Vertreter der Dinosaurier den Geschmack seines Grünfutters zu schätzen wußte.

Der Tastsinn wird bei keinem Dinosaurier besonders ausgeprägt gewesen sein, dem steht ganz einfach die Hautstruktur entgegen. Knochenplatten in der Haut scheinen nicht gerade das geeignete Mittel, eine besondere taktile Sensitivität zu fördern, das heißt, die Dinosaurier werden durch stachlige Büsche gestreift und über steiniges Geröll gegangen sein, ohne viel davon zu merken. Alligatoren haben allerdings kleine empfindliche Hautstellen am Maul und am Hals, die sie während der Paarung aneinanderreiben.

Ist es wirklich zu weit hergeholt, sich ein *Tyrannosaurus*-Pärchen vorzustellen, das ähnlich miteinander umgeht? Oder ein *Diplodocus*-Pärchen, das liebevoll schmusend die langen Hälse aneinanderschmiegt?

Die Erforschung der Sinnesleistungen der Dinosaurier sagt uns freilich noch nicht viel darüber, ob sie dumm oder gescheit waren. Und im Grunde sind diese Begriffe auch völlig falsch, denn sie unterstellen etwas, das nur aus menschlicher Sicht einen Sinn ergibt, nämlich daß es den Dinosauriern „besser gegangen", daß sie vielleicht „mehr Lebensqualität" gehabt hätten, wären sie im menschlichen Sinne „intelligenter" gewesen. Tatsache ist, daß jede Art über genügend Hirn verfügte, um sich erfolgreich durchzusetzen und über Jahrmillionen zu überleben. Wenn Menschen nur einen winzigen Teil dessen erreichten, dann wäre das schon sehr viel, denn bisher hat es der *Homo sapiens sapiens*, der Jetztzeitmensch, erst auf lächerliche 35 000 Jahre gebracht!

WARM- ODER KALTBLÜTER?

Waren Dinosaurier Warm- oder Kaltblüter? Die Experten diskutieren diese Frage leidenschaftlich, und noch immer werden beide Ansichten mit Vehemenz verfochten. Um zu verstehen, warum diese Debatte so heftig geführt wird, muß man einen Blick auf die Funktionsweise der Körper von Warm- und Kaltblütern werfen.

Damit ein lebendiger Körper gut funktionieren kann, ist eine gleichbleibende Körpertemperatur notwendig. Die chemischen Reaktionen, die in einem Körper ablaufen, erfolgen am reibungslosesten bei einer bestimmten Temperatur, wird sie deutlich über- oder unterschritten, stellt der Körper seine Funktionen ein. Sogenannte Kaltblüter, wie Eidechsen und Schlangen, halten ihre Körpertemperatur durch ihr Verhalten konstant, indem sie tagsüber die Sonne aufsuchen, um sich aufzuwärmen, und den Schatten, um sich abzukühlen. Genauso suchen sie bei Nacht wärmere oder kühlere Orte auf, je nachdem wie tief die Außentemperaturen sinken. Man nennt diese Tiere deshalb richtiger ektotherme (von Außenwärme abhängige) Tiere. Warmblüter wie Vögel und Säugetiere sind endotherme Tiere, die ihre Körperwärme im Innern mit Hilfe der Energie, die sie mit der Nahrung aufnehmen, selber produzieren. Endotherme Tiere schwitzen, hecheln oder gehen in kühles Wasser, um sich abzukühlen, oder sie fächeln sich wie die Elefanten mit den großen Ohren Luft zu. Beide Systeme haben ihre Vor- und Nachteile. Ein endothermer Hund verbraucht die meiste Energie, die er mit der Nahrung aufnimmt, um Körperwärme zu produzieren, weshalb er etwa zehnmal so viel fressen muß wie ein gleichgroßer, aber ektothermer Waran. Andererseits muß der Waran, wenn er in einer kalten Nacht stark auskühlt, am nächsten Tag erst einmal in der Sonne liegen, ehe er wieder auf Touren kommt und zu irgend einer Handlung fähig wird.

Doch noch ein weiterer Punkt ist von

Unter den Dinosauriern gab es riesige, behäbige Pflanzenfresser wie auch flinke Raubtiere. Gab es darüber hinaus sowohl Warm- als auch Kaltblüter unter ihnen?

Bedeutung: Das empfindlichste Organ, das Hirn, braucht im besonderen eine absolut konstante Temperatur, um effektiv funktionieren zu können. Was das anbelangt, sind die Warmblüter im Vorteil, die deshalb auch größere Gehirne haben können.
Die Beantwortung der Frage, ob Dinosaurier Warm- oder Kaltblüter waren, wird also weitgehend davon abhängen, ob man sie für beschränkt und träge hält oder als agile, intelligente Wesen einstuft, den heutigen Säugetieren und Vögeln ähnlich. Dieser Unterschied ist erheblich, und die Argumente, die beide Seiten ins Feld führen, sind entsprechend komplex und gelegentlich auch widersprüchlich.
Viele der großen Dinosaurier trugen den Kopf recht hoch – *Tyrannosaurus* und *Iguanodon* sind Beispiele, *Brachiosaurus* ist geradezu ein Extremfall. Um die Gehirne dieser Tiere mit Blut zu versorgen, wäre ein Druck nötig gewesen, dem die zarten Blutgefäße in den Lungen nicht hätten standhalten können, sie wären geplatzt. Endotherme Tiere lösen dieses Problem auf elegante Weise, sie leisten sich zwei Kreisläufe. Der Lungenblutkreislauf mit niedrigem Blutdruck ist dazu da, den eingeatmeten Sauerstoff ins Blut aufzunehmen, zum Herz zu transportieren und das verbrauchte Koh-

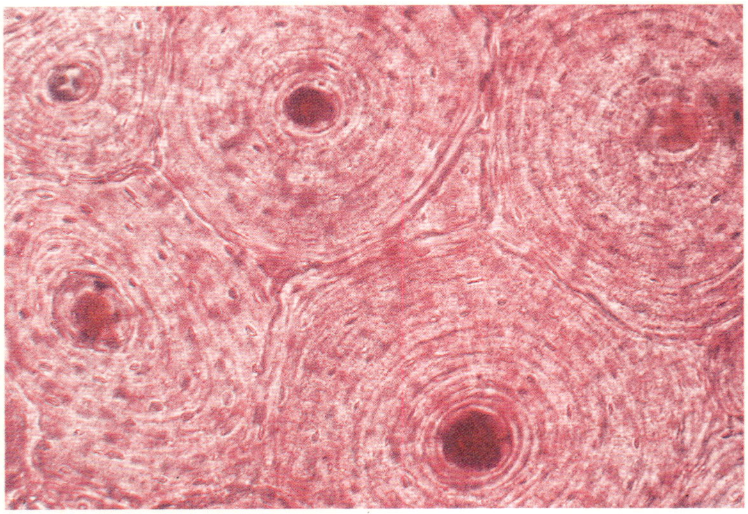

Ein Haversscher Knochen – hier von einer Pferderippe – hat viele Blutgefäße, die von Knochenmasse in konzentrischen Kreisen umschlossen sind. Solche Knochen sind typisch für große warmblütige Säugetiere.

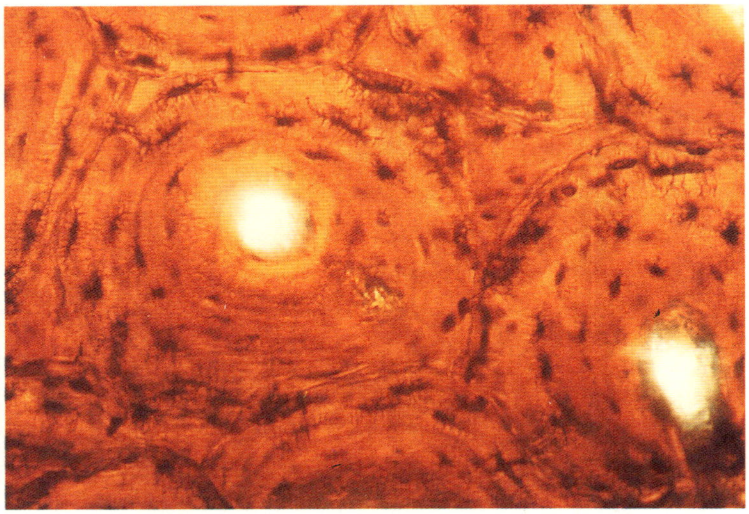

Auch einige Dinosaurier hatten Haverssche Knochen, wie dieser Abschnitt von einer Rippe des *Baryonyx* zeigt, die der links abgebildeten Pferderippe sehr ähnlich sieht. Ist das ein Hinweis auf die Warmblütigkeit der Dinosaurier?

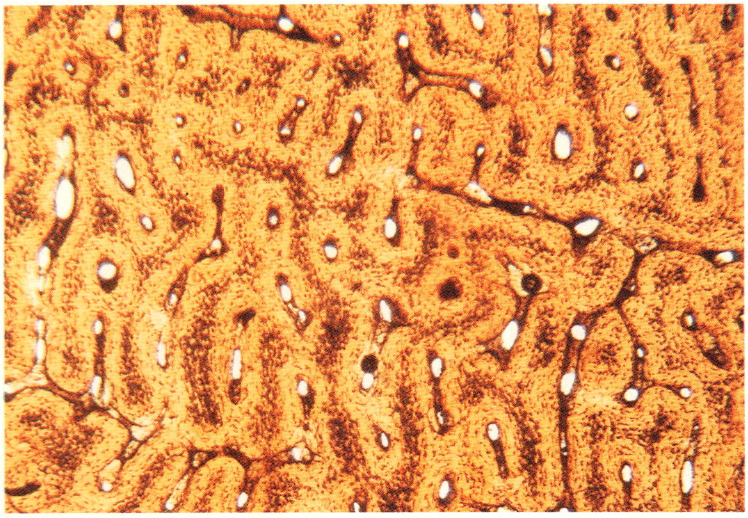

Dinosaurier hatten wie heutige Vögel und Säuger als Jungtiere schnell wachsende Primärknochen, die wie diese Knochenprobe eines Sauropoden mit ganz besonders vielen Blutgefäßten durchzogen sind.

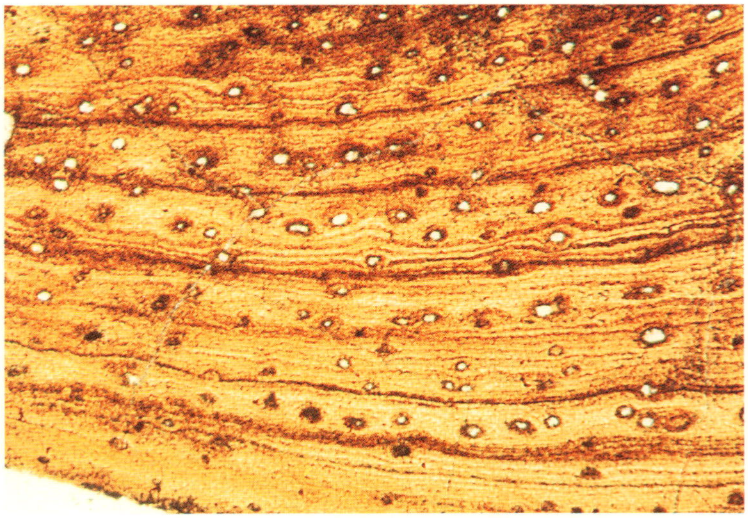

Ektotherme Reptilien der Jetztzeit zeigen Knochen mit typischen, verschieden starken Wachstumsringen. Doch auch die Dinosaurier wiesen Knochen dieser Art auf, wie die Untersuchung eines Beinknochens des *Inguanodon* zeigte.

Da Dinosaurier alle drei Knochenarten aufweisen, könnten sie möglicherweise über eine ganz eigene Physiologie verfügt haben, die ein Mittelding zwischen ektothermen Reptilien und endothermen Vögeln unc Säugern bildet.

lendioxid über die Lunge abzugeben. Der Körperkreislauf pumpt dann mit hohem Druck das sauerstoffhaltige Blut in alle übrigen Teile des Körpers. Aus diesem Grund haben endotherme Tiere Herzen mit einer undurchlässigen inneren Scheidewand, die für die beiden Kreisläufe zuständig sind. Diese Scheidewand verhindert, daß das unter enormem Druck stehende Blut des Körperkreislaufs in die Lunge gelangt. „Hochnäsige" Dinosaurier hätten auch ein solches, in Kammern geteiltes Herz gebraucht, sagen einige Wissenschaftler, und das hieße, auch der restliche Körper hätte funktioniert wie der eines Warmblüters. Dies ist allerdings keine zwingend notwendige Folgerung. Auch wenn zumindest einige Dinosaurier geteilte Herzkammern hatten, ja haben mußten, um das Blut zum Kopf zu transportieren, so bedeutet das nicht unausweichlich auch Warmblütigkeit. Heute lebende Alligatoren beispielsweise haben Herzen mit funktional geteilten Kammern und sind doch ektotherm. Sie nutzen die Sonne als Wärmespender, anstatt sich Fressen einzuverleiben und dieses unter Energieaufwand erst in Wärme umzuwandeln. Vom Standpunkt der Evolution aus wäre diese Methode auch für die Dinosaurier von Vorteil gewesen.

Die ungeheure Körpergröße einiger Dinosaurierarten und der sehr aktive Lebensstil anderer werden gern von den Vertretern der Warmblüter-Theorie als weitere Argumente genannt. Ein 30 Tonnen schwerer Sauropode hätte sich niemals in der Sonne aufwärmen können, sagen sie, denn die Körperoberfläche sei im Verhältnis zum Körpervolumen viel zu klein. Und ein springender, schnell flitzender *Deinonychus* hätte als ektothermes Tier dieses große Maß an Aktivität nie entfalten können.

Nun muß man freilich bedenken, daß während der gesamten Ära der Dinosaurier weltweit ein insgesamt deutlich wärmeres Klima herrschte als heute. Jahreszeitliche Unterschiede begannen sich erst in der späten Kreidezeit herauszubilden. Unter solchen Umständen wäre ein Riesenkörper wie der eines *Diplodocus* kaum über Nacht ausgekühlt – die Lufttemperatur hätte genügt, eine konstante Körpertemperatur zu gewährleisten. Schon eher hätte er als Warmblüter von solcher Größe Probleme gehabt, mit der Hitze fertig zu werden, die sein Verdauungsprozeß freigesetzt hätte. Und was den *Deinonychus* anlangt, so bedeutet die Tatsache, daß er springen und schnell laufen konnte, ja nicht, daß er das auch unablässig tat. Als ektothermer Jäger hätte er viel seltener jagen müssen, als das ein Warmblüter hätte tun müssen, was ihm genügend Zeit gelassen hätte, zur Erwärmung intensive Sonnenbäder zu nehmen. Alles, was als Gegenargument ins Feld geführt werden kann, ist der hohe Intelligenzgrad des *Deinonychus*, der eine Physiologie vermuten läßt, die derjenigen heutiger Vögel und Säuger gleicht.

Mikroskopische Untersuchungen von Dinosaurierknochen sorgten für weitere Hinweise und eine Verschärfung der Kontroverse. Manche Knochen zeigen eine Struktur, die der Knochenstruktur großer neuzeitlicher Säugetiere sehr ähnlich ist. Gleich zu Beginn des Knochenwachstums bilden sich bei Vögeln und Säugetieren sehr stark von Blutgefäßen durchzogene Primärknochen. Später wird diese erste Knochensubstanz von innen heraus ersetzt. In den primären Schichten bilden sich Haversche Kanäle, in denen neue Knochensubstanz abgelagert wird. Diese Haversschen oder Sekundärknochen sind extrem belastbar. Da nun auch manche Dinosaurier derartige Knochen besaßen, könnte das bedeuten, daß sie Warmblüter waren, meinen einige Forscher. Doch die Forschungsarbeiten von Dr. Robin Reid von der Queen's Universität in Belfast, Nordirland, zeigen, daß die Sache so einfach nicht ist, denn es fanden sich bei vielen Dinosauriern auch Knochen, die typische Merkmale von Reptilienknochen aufweisen. Deren Knochen bauen sich in jährlichen Zuwachsraten auf, die an Baumringe erinnern. Wir stoßen bei den Dinosauriern also auf drei verschiedene Arten von Knochenmaterial, nämlich Primär-, Sekundär- und Reptilienknochen, und um die Verwirrung zu vervollständigen, finden wir diese drei Arten in den verschiedenen Knochen desselben Tieres, ja sogar gelegentlich in verschiedenen Schichten desselben Knochens.

Was hat das zu bedeuten? Die Arbeit von Dr. Reid hat zu der Erkenntnis geführt, daß Dinosaurier sehr schnell heranwuchsen, weshalb sie sehr viel Knochenmasse vom Typ Primärknochen aufweisen, vor allem in den Beinknochen. Dieses Gewebe wird manchmal durch eine Sekundärknochenmasse vom Typ der Haversschen Knochen ersetzt, wie es bei den großen Säugern auch der Fall ist. Die Baumringstruktur entstand im noch späteren Leben, als das Wachstum sich deutlich verlangsamte und reptilienähnlicher wurde. Dr. Reid folgert daraus, daß Dinosaurier weder den Reptilien noch den Säugern und Vögeln entsprachen, sondern eine ganz eigene Physiologie besaßen. Die Frage, ob die Dinosaurier Warm- oder Kaltblüter waren, läßt sich lediglich mit einem „Vielleicht" beantworten. Das schmälert aber nicht den Wert dessen, was wir tatsächlich über sie wissen: *Brachiosaurus* war wirklich von gigantischer Größe, *Deinonychus* verfolgte seine Beute mit rasanter Geschwindigkeit, *Tyrannosaurus* war der wohl größte Fleischfresser, den die Erde je sah. Wie sie all ihre speziellen Eigenarten und Fertigkeiten bewerkstelligten, kann und wird weiter diskutiert werden, nicht aber die Tatsache, daß sie reale Lebewesen waren, die atmeten und schliefen, sich ernährten und fortpflanzten.

WARUM STAR

7 Irgendeine Katastrophe führte zum Ende der Dinosaurier. War es der Einschlag eines riesigen Asteroiden, eine drastische Klimaveränderung oder besonders heftiger Vulkanismus? Die Beweise

BEN SIE AUS? 7

liegen unter Tonnen von Gestein begraben und sind widersprüchlich. Wir wissen nur eins: Die Dinosaurier hatten Teil am größten Massensterben, das es auf der Erde je gab.

Warum sterben Tiere aus? Jede Art ist darauf spezialisiert, in einer ganz bestimmten Umgebung zu leben. Der Koala beispielsweise ist das einzige Säugetier, das sich, dank eines hochspezialisierten Verdauungstraktes, ausschließlich von Eukalyptusblättern ernähren kann. Damit ist er auf Gegenden angewiesen, in denen diese Bäume wachsen, aber es gibt auch keinen, der ihm dieses Futter streitig macht. Würden die Eukalyptusbäume aus irgendeinem Grund eingehen, wäre es das Ende der Koalas, denn sie würden sich so schnell nicht auf eine andere Nahrung umstellen können.

Während es Koalas ausschließlich in Ostaustralien gibt, haben sich die Käfer überall auf der Welt einzurichten gewußt. Sie sind die erfolgreichste Tierart überhaupt, die bisher mindestens eine halbe Million Arten hervorgebracht hat. Man hat berechnet, daß die Käfer innerhalb weniger Monate die ganze Erdoberfläche bedecken würden, könnten sie sich völlig ungehindert vermehren und würden sie nicht von anderen gefressen. Während Käfer und Koalas völlig verschiedene Entwicklungswege hinter sich haben, verdanken sie ihren Erfolg doch demselben Grund: Es gelang ihnen, sich in eine bestimmte Nische des Ökosystems besser einzupassen als alle anderen Lebewesen.

Der Umgebung optimal angepaßt zu sein ist wunderbar, bis der Moment kommt, wo diese Umgebung sich ändert. Das aber passiert ständig. Und Tier- wie Pflanzenarten sterben aus, wenn die Änderung schneller vor sich geht, als ihre Lebensweise sich anpassen kann.

160 Millionen Jahre lang waren die Dinosaurier Weltmeister im Anpassen. Obwohl einzelne Arten selten länger als zwei bis drei Millionen Jahre überlebten, hat doch die Ordnung als Ganzes außerordentliche Möglichkeiten der Anpassung an neue Bedingungen entwickelt. Immerhin änderte sich das Bild der Erde während ihrer Lebenszeit vollständig, die Landmasse zerbrach, die Kontinente drifteten auseinander, der Meeresspiegel hob und senkte sich, es gab Erdbeben und Vulkanausbrüche, völlig neue Pflanzen erschienen – und mit allem kamen die Dinosaurier zurecht. Sie entwickelten immer neue Arten, lebten auf allen Kontinenten und beherrschten das Land vollkommen. Und plötzlich verschwanden sie vom Erdboden. Was war geschehen? Es wird heute allgemein angenommen, daß gegen Ende der Kreidezeit eine ungeheuerliche Katastrophe geschehen sein muß, die vielleicht eine Kettenreaktion auslöste und das Erdklima drastisch beeinflußte. Die Änderung muß so rasch gekommen und so einschneidend gewesen sein, daß die Dinosaurier keine Chance hatten, neue Anpassungsmechanismen zu entwickeln. Bis heute weiß niemand, was damals wirklich passierte.

DAS ENDE DER DINOSAURIER

Nur so viel wissen wir: Während der letzten paar Millionen Jahre der Dinosaurierzeit kam es zu Klimaänderungen, warme Sommer und kühle Winter wechselten sich ab, besonders in den oberen Breitengraden. Das war eine Folge der Kontinentaldrift, denn nun gab es zwischen den Kontinenten Meere, die das Binnenklima des Landes beeinflußten. Durch Fossilfunde ist erwiesen, daß es gegen Ende der Kreidezeit im Westen Nordamerikas zwar nur wenige Arten von Pflanzenfressern gab, daß diese aber sehr große Populationen umfaßten. Zu ihnen gehörten *Edmontosaurus* und *Triceratops*. Große Fleischfresser wie *Tyrannosaurus* und kleinere wie *Troodon* lebten am Rande dieser riesigen Herden als Jäger und Aasfresser.

Man vermutet heute, daß die Herden sehr viel größere Gebiete durchwanderten, als man früher für möglich hielt. 1986 fand man Überreste von *Edmontosaurus* und *Pachyrhinosaurus* sowie Zähne von Tyrannosauriden im Nordausläufer Alaskas, das auch vor 70 bis 65 Millionen Jahren im Polarkreis lag. Freilich gab es noch keine Poleiskappen. Dies scheint zu bestätigen, daß Dinosaurier in kühlem Klima überdauern konnten, denn anhand fossiler Pflanzenreste wurde eine Durchschnittstemperatur von zehn bis zwölf Grad Celsius im Sommer und zwei bis vier Grad Celsius im Winter für diese Gegend ermittelt. Lebten die Dinosaurier dort das ganze Jahr? Es ist ziemlich unwahrscheinlich, denn drei Monate lang herrschte in diesen Regionen die kalte Polarnacht. Die Herden der Pflanzenfresser werden, gefolgt von den Räubern, zu den jeweils besten Weidegründen gewandert sein; so wie es heute die Karibuherden tun.

(Abbildung Seite 78/79) Dieses Skelett eines *Edmontosaurus*, eines der letzten Dinosaurier, ist noch halb im Felsgestein eingeschlossen.

Schnell einsetzende, drastische Umweltveränderungen können das Ende einer Art bedeuten, wenn es ihr nicht gelingt, sich rechtzeitig anzupassen. *Oben links:* Die Pilori-Bisamratte wurde 1654 auf der Antilleninsel Martinique entdeckt; 1902 wurde durch den Ausbruch des Mount Pelée ihr Lebensraum vernichtet, die Art starb aus. *Oben rechts:* Einst war der Riesenhirsch über ganz Europa verbreitet. Die letzten seiner Art starben aus, als eine Periode strenger Winter seine Futterreserven zerstörte. Der Dodo von Mauritius *(ganz oben)* wurde von jagenden Seeleuten ausgerottet. Die meisten Tiere sterben heute durch Verschulden der Menschen aus, denn er verdrängt sie, rottet sie aus, verschmutzt und vergiftet ihren Lebensraum.

Die Fossilfunde zeigen uns aber auch etwas anderes, nämlich, daß die Dinosaurier nicht die einzigen Opfer der großen Umwälzungen vor 65 Millionen Jahren waren. Auch andere Tierarten wurden drastisch dezimiert oder starben aus, darunter in den Meeren alle Plesio- und Mosasaurier (die einzigen, Meeresreptilien die überlebten, waren die Schildkröten), die Ammoniten und Belemniten – Verwandte der Kraken und Kalmare – sowie kalkbildendes Plankton. Aus der Luft verschwanden die Pterosaurier, doch die Vögel überlebten, ebenso wie auf dem Land die Säugetiere und alle anderen Reptilien wie Eidechsen, Schlangen, Krokodile und Schildkröten. Auch die Amphibien, die Insekten und andere Wir-

Gegen Ende der Kreide herrschte in Nordamerika ein kühles, feuchtes Klima, Sümpfe und Flüsse engten die Weidegründe der Tiere ein, die wie auf Inseln isolierten Kleinherden starben Stück um Stück aus.

bellose kamen davon. Die Pflanzen waren ebenfalls vom Massensterben betroffen, am schlimmsten die Blütenpflanzen, weniger schlimm die Koniferen und am widerstandsfähigsten zeigten sich die Farne und Moose.

Alles, was über diese durch Fossilfunde belegten Tatsachen hinausgeht, ist Spekulation. Der Forscher, der ergründen will, was damals vor 65 Millionen Jahren wirklich vor sich ging, steht vor einer ähnlichen Aufgabe wie ein Detektiv, der einen lange zurückliegenden Mord aufklären will, für den es keine Zeugen mehr gibt und dessen Spuren längst von der Zeit verwischt wurden. Wir wollen uns die gängigsten Theorien anschauen.

DIE INTERPRETATION DER FUNDE

Im Westen der USA kann das Ende der Dinosaurier besonders gut untersucht werden. Hier liegt das Gestein, das Fossilien der späten Kreide und des beginnenden Tertiärs enthält, nahe an der Oberfläche. Neue Ausgrabungstechniken haben die Experten in jüngster Zeit zu überraschenden Erkenntnissen geführt.

Früher suchten die Paläontologen nach möglichst vollständigen Skeletten. Einzelstücke, die an derselben Stelle lagen, wurden nicht beachtet und liegengelassen. Es ging um die Qualität des Einzelfundes, nicht um die Masse. Doch auch fossile Bruchstücke enthalten viele wichtige Informationen.

Vor allem geben sie Aufschluß darüber, wie viele Tiere einer Art zu einer Zeit ein bestimmtes Gebiet bevölkerten. Jeden einzelnen Fund zu registrieren und einzuordnen kommt einer Art Volkszählung gleich. Obwohl die Fehlerquote sehr groß sein kann, erhält man doch wenigstens ein grobes Muster der Veränderungen, die stattgefunden haben.

Im Gebiet des Hell Creek im Nordwesten des US-Staates Montana nehmen amerikanische Paläontologen seit einigen Jahren systematische Quantitätsanalysen vor, das heißt, sie untersuchen, wie viele Dinosaurierüberreste aus der Zeit der späten Kreide auf je eine Tonne Gestein kommen und von wie vielen Arten sich Überreste in einem Kubikmeter Fels finden. Bisher zeigen die Ergebnisse, daß zumindest in diesem Gebiet die Zahl der Dinosaurierarten gegen Ende der Kreide deutlich zurückging, während Säugetiere entschieden auf dem Vormarsch waren.

Von ihnen gab es vielfältigere Arten und zahlreichere Populationen. Mit anderen Worten, während die Dinosaurier über einen Zeitraum von fünf Millionen Jahren langsam von den Landflächen der Erde verschwanden, nahmen die Säuger ihren Platz ein. Sie sind also, so scheint es, nicht plötzlich allesamt ausgestorben, sie siechten dahin.

Ein Grund könnte die Klimaveränderung sein, mit der eine Änderung der Landschaft und der Vegetation verbunden war. Es wurde feuchter; wo sich früher riesige zusammenhängende Weidelandschaften erstreckten, gab es jetzt Sümpfe, Seen und Flüsse. Die großen Herden waren voneinander abgeschnitten, auf den beengten Weidegründen mußte um jeden Futterplatz gekämpft werden. Da die Pflanzenfresser die Nahrung der Fleischfresser darstellten, bedeutete der Niedergang der einen ganz zwangsläufig auch die Reduzierung der anderen Gruppe.

Dieser Hypothese zufolge sehen wir die großen Dinosaurierpopulationen also aufgesplittert und auf immer kleiner werdende Lebensräume verbannt, wo sie nach und nach aussterben. Die nachrückenden Säuger besetzten die Lücken im Ökosystem, konnten sich aber erst voll entfalten, nachdem die Dinosaurier endgültigverschwunden waren.

Typische parallel und quer laufende Bruchkanten in diesem Stückchen Quarz zeigen, daß das Kristall unter großer Hitze und heftigem Druck verformt wurde, extreme Bedingungen, wie sie nur bei einem Meteoriteneinschlag oder einer Atomexplosion auftreten. Solche Kristalle finden sich im Gestein der K-T-Grenze.

Eine bleistiftdünne Lehmschicht bildet die Grenze zwischen dem Gestein der Kreide und dem des Tertiär. Der weltweit gemessene hohe Iridiumgehalt der Schicht kann zwei Ursprünge haben: Iridium kann aus dem Erdinnern stammen, herausgeschleudert von Vulkanen, oder aus dem Weltraum, wenn ein Asteroid auf die Erde trifft. Beides wäre für die Dinosaurier eine Katastrophe gewesen.

Das Aussterben der Dinosaurier fällt mit einer erdgeschichtlichen Epoche zusammen, in der das Gestein der späten Kreide von dem deutlich zu unterscheidenden Gestein des Tertiär überlagert wird. Man spricht von der K-T-Grenze. Genaueste Untersuchungen des Gesteins der K-T-Grenze auf der ganzen Welt führten zu neuen Theorien über den Untergang der Dinosaurier und der Arten, die mit ihnen verschwanden.

DIE ASTEROIDENTHEORIE

1978 untersuchte ein Team von der University of California in Berkeley, USA, unter der Leitung von Luis und Walter Alvarez das Gestein der K-T-Grenze in Gubbio (Italien). Eine zwei Zentimeter dicke Schicht aus rotem Lehm erweckte das besondere Interesse des Teams, denn Untersuchungen ergaben einen mehr als dreißigmal höheren Iridiumgehalt in dieser Schicht als sonst üblich. Iridium ist ein in der Erdkruste sehr selten vorkommendes Element; es stammt von dem kosmischen Staub, der aus dem All auf unseren Planeten fällt, oder, noch seltener, aus dem Erdkern, wenn besondere Vulkane ausbrechen. Der hohe Iridiumgehalt der Lehmschicht ließ die Forscher

Ein Feuerball zischte im September 1991 durch die Erdatmosphäre, einen glühenden Schweif hinter sich, und explodiert am Rande des Blickfeldes, im galaktischen Südpol. Würde ein solcher Meteorit die Erde treffen, käme es zu einer Kettenreaktion: erst eine Druckwelle, als wären Tausende von Atombomben gefallen, dann ungeheure Flutwellen und Vulkanausbrüche. Eine Wolke aus Staub und Gas würde die Erde monatelang verdunkeln, bei gleichzeitigen salzsäurehaltigen Regengüssen.

Fossilien aus der K-T-Grenze zeigen, daß Farne kurzfristig in den Pflanzenpopulationen die Oberhand hatten. Ein ähnliches Überhandnehmen von Farnsporen findet man heute nach der Vernichtung der Vegetation durch Vulkanausbrüche.

vermuten, daß vor 65 Millionen Jahren ein Himmelskörper von mindestens zehn Kilometern Durchmesser auf die Erde gestürzt sein mußte. Eine solche Katastrophe hätte mit Sicherheit das Aus für die Dinosaurier bedeutet.

Der Meteorit wäre mit einer Geschwindigkeit von 100 000 km/h auf die Erde getroffen. In einem Umkreis von 500 Kilometern hätte es ausgesehen wie nach dem Abwurf einer Atombombe. Es wäre zu verheerenden Sturmfluten und schweren Vulkanausbrüchen gekommen. Der Asteroid selbst hätte eine immense Wolke aus Staub, Gasen und Wasser aufgewirbelt, die sich um die ganze Erdkugel verbreitet und zu einem mehrmonatigen, dunklen Winter geführt hätte. Gleichzeitig hätte sich die Atmosphäre beim Eintritt des Himmelskörpers aufgewärmt, es wäre zu chemischen Reaktionen gekommen, die in der Folgezeit jede Menge sauren Regen produziert hätten.

Unter solchen Bedingungen kann ein großes Tier nicht überleben. Die besten Chancen unter den Landtieren hätten kleine, agile Aas- oder Allesfresser gehabt, die auf keine spezielle Nahrungsquelle angewiesen sind, also die kleinen Säugetiere und die Vögel.

Das empfindliche Plankton in den Meeren wäre ebenfalls abgestorben und damit die Nahrungsquelle der großen Meerestiere, was wiederum deren Aussterben zur Folge gehabt hätte.

Der Sauerstoffgehalt der flachen Schelfmeere wäre durch die Sturmfluten und den sauren Regen so reduziert worden, daß auch hier kaum ein Tier hätte überleben können.

Seit dieses Horrorszenario 1979 veröffentlicht wurde (die Schlagzeile hieß: „Das schlimmste Wochenende der Weltgeschichte"), suchte und fand man an mehr als 50 verschiedenen Stellen der Erde dramatisch erhöhte Iridiumwerte in der K-T-Grenze. Damit scheint zweifelsfrei festzustehen, daß sich in dieser Zeit etwas Außergewöhnliches ereignet haben muß.

Mikroskopische Untersuchungen der Sedimente zeigen winzige Quarzeinschlüsse, die typische, kreuz und querlaufende Brüche aufweisen. Quarz mit den gleichen Merkmalen wird auch an Stellen gefunden, wo Atomexplosionsversuche gemacht worden waren. Sein Vorhandensein in der K-T-Schicht legt nahe, daß es hier zu einer gewaltigen Explosion gekommen war.

Auch die fossilierten Pflanzen in dieser Gesteinsschicht sprechen von einem dramatischen Ereignis. Knapp über der K-T-Grenze, das entspricht der Zeit nach dem Ereignis, gibt es vermehrt Farnsporen im Sediment. Man interpretiert das als den Versuch dieser besonders widerstandsfähigen Pflanzen, so schnell wie möglich wieder an Boden zu gewinnen.

Auch Bäume und Büsche erholten sich bald wieder, doch später als die Farne, und es waren etwas andere Arten als vor der Katastrophe. Das entspricht dem Bild, das man heute nach Vulkanausbrüchen sieht. Die Pflanzen werden weitgehend vernichtet, als erstes erholen sich die robusten Farne, dann folgen andere Pflanzen aus Samen und Wurzelstöcken, und allmählich wird das alte Gleichgewicht wieder hergestellt.

Wenn es sich in der Tat um einen Himmelskörper gehandelt haben sollte, wo befand sich die Einschlagstelle? Schätzungen zufolge war ein Krater von 180 Kilometern Durchmesser zu erwarten. Als Vater und Sohn Alvarez ihre Theorie veröffentlichten, war ein solcher Krater noch nicht entdeckt worden, nicht einmal mit Hilfe der Satellitenfotografie. Man vermutete deshalb, der Meteorit oder Asteroid sei im Meer eingeschlagen.

1990 fand man an der Nordwestküste Yucatáns am Golf von Mexiko einen Einschlagkrater. Trümmer des Aufpralls, darunter wiederum Quarz mit den typischen Merkmalen und fossile, mit ozeanischen Sedimenten vermischte Baumreste fanden sich noch 800 Kilometer entfernt auf dem

Dieser 1,2 Kilometer breite, 170 Meter tiefe Krater in Arizona entstand durch den Einschlag eines kleinen Meteoriten. Wenn ein Asteroid für das Iridium in der K-T-Grenze verantwortlich sein sollte, müßte er einen 180 Kilometer großen Krater gerissen haben. Jüngste Forschungen vermuten einen solchen Krater an der Nordwestküste der Halbinsel Yucatán *(unten)*.

mexikanischen Festland! Das gibt eine Vorstellung von der unglaublichen Wucht der Explosion. Anfang 1993 veröffentlichten Wissenschaftler die Ergebnisse ihrer Analysen des Manson-Kraters im US-Staat Iowa, der zwar „nur" 35 Kilometer Durchmesser hat, aber zeitgleich mit dem Yucatán-Krater entstanden ist. Ob es sich um zwei Bruchstücke eines Kometen handelt, die gleichzeitig aufprallten, oder ob ein vorbeiziehender Stern eine ganze Kometenwolke ablenkte, die dann auf unserem Planeten aufschlug, wird augenblicklich noch diskutiert und erforscht.

DIE VULKANTHEORIE

Gesteinsproben, die aus Schichten ober- und unterhalb der K-T-Grenze stammen, zeigen, daß die Iridiumkonzentration, die die Alvarez' darin entdeckten, nur eine von mehreren ist, die sich innerhalb eines Zeitraums von ungefähr einer halben Million Jahre ablagerten.

Nun kann man natürlich nicht ausschließen, daß die Erde in dieser Periode mehrmals hintereinander von großen Asteroiden getroffen wurde, doch neigen die meisten Wissenschaftler dazu, in der anderen Iridiumquelle nach Erklärungen zu suchen – im Vulkanismus.

Diese Forscher meinen nämlich, daß die nachweislich große vulkanische Aktivität gegen Ende der Kreidezeit ganz ähnliche Auswirkungen auf die Umwelt und das Klima gehabt hätte, wie wir sie für den Fall des Meteoriteneinschlags beschrieben haben.

Im Dekkanhochland in Indien kam es vor 66 Millionen Jahren zu heftigen Vulkanausbrüchen, die in unregelmäßiger Folge eine Million Jahre lang anhielten und die 2400 Meter dicke Lavaschicht dieses Hochlands auftürmten. Durch diese Ausbrüche wurden enorme Mengen Kohlendioxid in die Atmosphäre geschleudert, mit genau den

Könnte der heftige Vulkanismus, der für das Ende der Kreide nachzuweisen ist, das Aussterben der Dinosaurier bewirkt haben? Die ausgekühlten Lavaschichten des Dekkanhochlandes in Indien *(oben)* sind 2400 Meter hoch und bildeten sich vor 66 Millionen Jahren.

gleichen katastrophalen Folgen, die wir heute durch unsere selbstgemachte Luftverpestung erleben.

Der Vulkanismus kann die Dinosaurier aber auch auf andere Weise belastet haben, nämlich indem er die Eier in den Nestern zerstörte. Offensichtlich war das Embryonalstadium, in dem die befruchteten Eier weitgehend sich selbst überlassen waren, der schwächste Punkt im Lebenszyklus der Dinosaurier. Es liegt also nahe, hier nach einer Begründung für ihr Aussterben zu suchen.

Bei den Vulkanausbrüchen in Indien wurde neben Iridium auch Selen aus dem Erdinnern freigesetzt. Selen ist hochgiftig, zumal für Embryonen. Schon die winzigste Menge davon läßt ein Küken im Ei absterben.

Nun wurden Spuren von Selen sogar in der K-T-Grenze Dänemarks nachgewiesen.

Unterwartet hohe Werte aber fand man in den Schalen von Sauropodeneiern der späten Kreide, die man in Frankreich entdeckte.

Die Nester geben einen Hinweis auf eine unverhältnismäßig hohe Sterberate ungeschlüpfter Junger. Dr. Hans Hansen von der Kopenhagener Universität, der diese Untersuchungen leitete, vermutet, daß die Pflanzenfresser ganz erheblich an Nachwuchsmangel litten, da sie die mit selenhaltigem Vulkanstaub verseuchten Blätter fraßen.

Dieser Rückgang der Reproduktion mußte irgendwann zum Zusammenbruch der gesamten Nahrungskette und damit letztlich zum Verschwinden der Dinosaurier führen.

DER TOD IM NEST

Eine andere, heute verworfene Theorie, die sich um die Gelege der Dinosaurier drehte, ging davon aus, daß sich nagetierähnliche Säuger entwickelt hatten, deren Lieblingsnahrung Dinosauriereier waren.

Ganze Dinosauriergenerationen wären so noch vor dem Schlüpfen ums Leben gekommen.

Auf den ersten Blick eine überzeugende Vorstellung, doch sie kann der genaueren Überprüfung nicht standhalten. Es ist sehr gut möglich, sogar wahrscheinlich, daß kleine Säuger und andere Dinosaurier Nester plünderten. In der Mongolei fand man einen *Velociraptor* in unmittelbarer Nähe des Nestes im Kampf mit einem *Protoceratops*. Unter den heutigen Raubtieren gibt es aber keine einzige Art, die ihre Beutetiere in solcher Masse verzehrt, daß sie sich damit um ihre eigene Nahrungsquelle bringt. Es leuchtet absolut nicht ein, daß die Säuger der Kreidezeit – beziehungsweise der *Velociraptor* – einer solchen Grundregel, die das eigene Überleben sicherte, zuwidergehandelt haben sollten.

Eine weitaus überzeugendere Erklärung im Zusammenhang mit den Eiern der Dinosaurier bildet die Entdeckung, daß bei vielen neuzeitlichen Reptilien die Temperatur,

die während der Brutzeit herrscht, für das Geschlecht der schlüpfenden Tiere ausschlaggebend ist.
Aus Eiern amerikanischer Alligatoren, die bei weniger als 30° Celsius ausgebrütet wurden, schlüpften ausnahmslos weibliche Tiere, bei 32° Celsius gab es etwa gleichviel männliche wie weibliche Nachkommen, bei 34° Celsius nur männliche. Wenn einige Dinosaurierarten einem ähnlichen Mechanismus unterlagen, dann hätte eine schon geringe, aber dauerhafte Klimaveränderung zu einem hoffnungslosen Ungleichgewicht innerhalb der Population geführt, die das Aussterben dieser Art zur Folge gehabt haben könnte.
Was wirklich geschah weiß niemand. Es ist nur sicher, daß es mit dem Ende der Kreide einen dramatischen Klimawechsel gab und daß sich große Katastrophen ereigneten, von denen die Krater in Yucatán und Iowa ebenso zeugen wie das indische Dekkanhochland. Es ist nicht auszuschließen, daß all diese Ereignisse zusammenwirkten und schließlich das Ende der Dinosaurier herbeiführten, ja, es ist sogar wahrscheinlich, denn keine Theorie kann für sich allein das Massensterben am Ende der Kreide, von dem ja nicht bloß die Dinosaurier betroffen waren, erklären.
Was für ein einzelnes Ereignis könnte alle Dinosaurier umbringen und doch die Krokodile verschonen? Was für ein Ereignis würde fliegende Reptilien auslöschen, aber die Vögel ungeschoren lassen? Was für ein Ereignis würde kleinste und größte Meerestiere töten und Meeresschildkröten und Korallen überleben lassen? Als gemeinsamer Nenner scheint sich herauszuschälen, daß es tödlich war, groß zu sein. Von ganz wenigen Ausnahmen abgesehen, entging weder auf dem Land noch in der Luft, noch im Wasser irgendein Lebewesen, das größer als ein Meter war oder mehr als 30 Kilogramm wog, dem allgemeinen Massensterben.

Mehr als hundert Theorien über den Grund des Aussterbens der Dinosaurier wurden schon veröffentlicht. Sie reichen vom genialen Einfall bis zum Absurden.

Doch während wir eine Menge detektivische Kleinarbeit darauf verwenden, dem Rätsel des mysteriösen Sterbens vor 65 Millionen Jahren auf die Spur zu kommen, sollten wir eins nicht vergessen: Hätte das große Sterben nicht stattgefunden, wir wären nicht hier, um es zu erforschen. Denn es war allein der Niedergang der Dinosaurier, der die riesige Lücke in das Ökosystem riß, die nach ihrem endgültigen Verschwinden die Säugetiere – und damit letztlich auch der Mensch – füllten.

DINOSAURIER

8

Vor 150 Jahren erhielt der erste Dinosaurier seinen Namen. Es schloß sich eine Geschichte der Entdeckungen an, die voll ist von außerordentlichen Leuten, unerwarteten Funden und groß-

UND MENSCHEN 8

artigen Leistungen. Seither bemühen sich die Forscher, die aus der Erde geholten Fundstücke zu interpretieren und so die erstaunlichsten Wesen zu verstehen, die je auf der Erde lebten.

Während der Zeit der Dinosaurier gab es keine Menschen auf der Erde. Der letzte Dinosaurier war schon 65 Millionen Jahre tot, als der erste *Homo sapiens* auf der Weltbühne erschien. Seit vor etwa 150 Jahren der erste fossile Dinosaurier entdeckt wurde, stehen Wissenschaftler und Öffentlichkeit in seinem Bann. Das heißt, entdeckt hatte man vereinzelte Knochen auch schon früher, doch niemand wußte, um was es sich handelt. Woher diese Faszination? Um diese Frage zu beantworten, müssen wir den Weg der Dinosaurierforschung zurückverfolgen, ein Weg, in dessen Verlauf sich das Verständnis des Menschen für die vorgeschichtliche Welt völlig veränderte und zunehmend vertiefte.

Durch geologische Prozesse und durch Verwitterung kommen seit Millionen von Jahren Gesteine an die Oberfläche, die Dinosaurierfossilien enthalten. Im alten China hielt man solche Fossilien für Drachenknochen, denen man magische Kräfte zuschrieb. Tatsächlich findet sich die älteste Beschreibung eines fossilen Dinosauriers in einer chinesischen Schriftrolle aus der Zeit um 300 n. Chr. Der Gelehrte Chang Qu beschreibt die Entdeckung von Drachenknochen bei Wucheng in der heutigen Provinz Sichuan. Auch amerikanische Indianer berichteten von „Riesenbüffeln", deren Knochen sie bei der Jagd gefunden hatten und die Glücksbringer sein sollten. Sicherlich handelte es sich auch hierbei um Dinosaurierfossilien.

In allen europäischen Ländern gibt es alte Bücher, die Bilder und Beschreibungen von merkwürdigen Funden enthalten, die wir heute als Dinosaurierfossilien deuten können. Eines der bekanntesten Beispiele ist der Knochen, den Robert Plot in Oxfordshire in England gefunden hatte und den er für den eines Elefanten hielt, den die Römer mit nach Britannien gebracht hätten. Später meinte er dann, es sei der Knochen eines menschlichen Riesen. Heute können wir den Fund, dank der Zeichnung, die Plot anfertigte, als den unteren Teil des Oberschenkelknochens eines *Megalosaurus* identifizieren. Auch die 1820 in Connecticut Valley, USA, gefundenen Knochen wurden einem Menschen zugesprochen; tatsächlich handelte es sich um Überreste eines *Anchisaurus*. Zwischen 1802 und 1860 fand man in derselben Gegend Tausende von Dinosaurierfußabdrücken. Die ersten hatte der Farmer Plinny Moody entdeckt, später, als die Wissenschaft sich dafür zu interessieren begann, fand Professor Edward Hitchcock vom Amherst College noch mehr. Er hielt sie allerdings für die Spuren gewaltiger Urvögel.

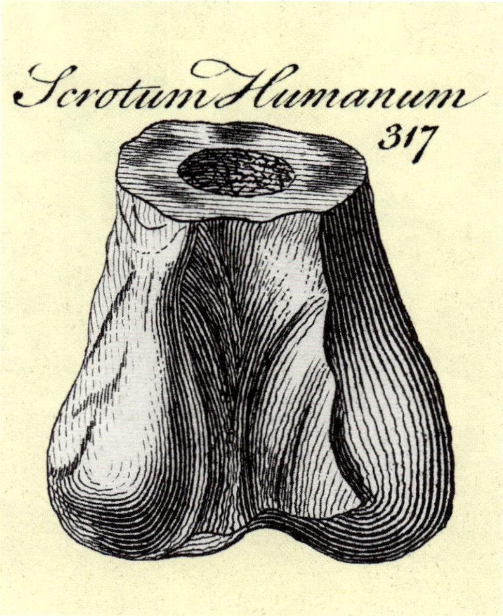

Robert Plot hielt 1676 diesen Knochen, es ist das Kniestück des Oberschenkelknochens eines *Megalosaurus*, für den eines Riesen. 1763 bezeichnete R. Brookes das Gebilde als *Scrotum humanum*, die Hoden eines Riesen.

Wieso gelang es den Wissenschaftlern mit all diesen Fundstücken vor ihrer Nase nicht, die richtige Erklärung zu finden? Nun, die meisten Menschen in Amerika und Europa glaubten zu jener Zeit sehr fest an die christlichen Lehren der Bibel, wonach Gott die Welt in sieben Tagen erschaffen hatte und alles Leben im Garten Eden seinen Ursprung genommen hatte. Der irische Erzbischof James Usher war um 1650 nach gründlichstem Bibelstudium zu dem Ergebnis gekommen, daß Gott im Jahre 4004 v. Chr. – und zwar am Sonntag, dem 23. Oktober um acht Uhr morgens – sein Schöpfungswerk begonnen hatte. In dieses Bild der Welt paßten keine ausgestorbenen Tierarten – warum sollte Gott sich die Mühe machen, Tiere zu erschaffen, um sie dann aussterben zu lassen?

Doch dann gab es immer mehr unumstößliche Beweise dafür, daß manche Gesteine Millionen Jahre älter waren, als die biblischen Daten vermuten ließen, und einige

(Abbildung Seite 88/89) Diesen Gipsabguß eines *Diplodocus* schenkte der Industrielle Andrew Carnegie 1905 dem Natural History Museum in London.

Links: Im alten China hielt man fossile Dinosaurierfunde für Drachenknochen. Zu Pulver zermahlen dienten sie als Medizin und Zaubermittel.

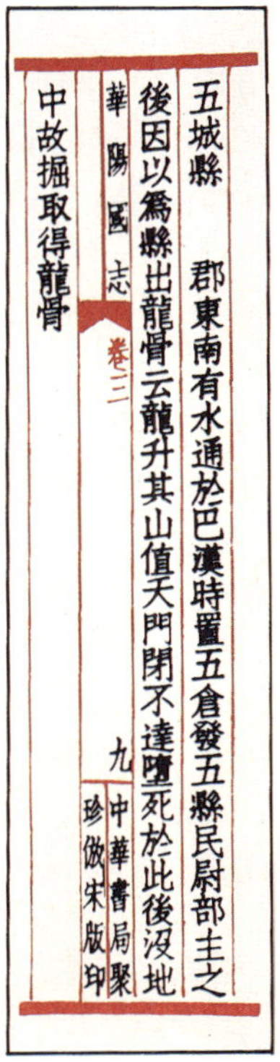

五城縣　郡東南有水通於巴漢時置五倉發五縣民尉部主之
後因以爲縣出龍骨云龍升其山值天門閉不達墮死於此後沒地
華陽國志　卷三　九　中華書局聚　珍倣宋版印
中故掘取得龍骨

Rechts: Dieser Abschnitt aus einer chinesischen Schriftrolle ist mehr als 1700 Jahre alt. Es ist der älteste schriftliche Bericht von einem Knochenfund, bei dem es sich um fossile Dinosaurierknochen handelt.

dieser Steine enthielten fossile Überreste unbekannter Tiere. Das war an sich schon verwirrend genug, doch daß die Erde, lange bevor es Menschen gab, von riesenhaften Reptilien bevölkert gewesen sein sollte, das war zuviel für einen anständigen Christenmenschen. Die Arbeit der frühesten Dinosaurierforscher, die sich auf minimalste Funde stützte, stellte also nicht nur eine brilliante Geistesleistung dar, sie zeugt auch von großem persönlichen Mut, denn in diesen bigotten Zeiten war es nicht leicht, neue Ideen über die Vorgeschichte zu präsentieren, die am bestehenden Gedankengebäude rüttelten.

GIDEON UND MARY MANTELL

Der erste, der erkannte, daß in grauer Vorzeit Riesenreptilien gelebt haben mußten, war der Arzt Gideon Mantell. Nebenbei war er leidenschaftlicher Amateur-Paläontologe, der auf dem Weg zu seinen Patienten im fossilienreichen Boden seiner Heimat, der englischen Grafschaft Sussex, immer nach Fundstücken Ausschau hielt. An einem Frühlingstag des Jahres 1822 hatte er seine Frau Mary Ann mitgenommen, die vor dem Haus wartete, während er einen Patienten besuchte. Sie ging ein Stück die Straße hinauf, wo gerade Reparaturarbeiten gemacht wurden. Ein Haufen Steine aus einem örtlichen Steinbruch lag herum, und in einem sah sie etwas schimmern. Sie hob den Stein auf und erkannte, daß er fossile Zähne enthielt. Mary Mantells Fund, den sie ihrem Mann sofort zeigte, gehört zu den bedeutendsten in der Geschichte der Dinosaurierforschung. Gideon Mantell konnte das Fundstück einem Pflanzenfresser zuordnen, denn die Zähne waren stumpf und vom Kauen abgenutzt. Sie mußten einem großen Tier gehört haben und erinnerten ihn an die Schneidezähne eines Rhinozerosses oder Elefanten. Der Stein, so brachte er in Erfahrung, stammte aus dem Steinbruch in Tilgate Forest. Das dort anstehende Gestein ist etwa 130 Millionen Jahre alt, was bedeutete, daß die Zähne zu einem Tier gehörten, das im Mesozoikum gelebt hatte. War es möglich, daß die Zähne einem Riesenreptil gehört hatten, von dem man bisher noch nichts wußte? Man kann sich vorstellen, wie aufregend diese Idee für Mantell gewesen sein muß.

Mantell schickte einen der Zähne und ein paar fossile Fußknochen, die er inzwischen in dem Steinbruch gefunden hatte, an die beiden berühmtesten Wissenschaftler seiner Zeit, an Baron Georges Cuvier in Paris und an Dr. William Buckland, Professor für Geologie an der Universität Oxford. Ihre Antworten waren wenig ermunternd. Cuvier schrieb, der Zahn stamme von einem Nashorn, der Fußknochen von einem Nilpferd. Buckland dagegen hielt den Zahn für den eines Fisches oder eines Säugetieres, der durch irgendeinen Zufall in den Steinbruch geraten sei. Buckland ging sogar so weit, Mantell von einer Publikation seines Fundes abzuraten.

Aber Mantell ließ sich nicht beirren. Der in London zu Besuch weilende Anatom Samuel Stutchbury gab ihm den entscheidenden Hinweis; der fossile Zahn und die Knochen erinnerten ihn an eine jetztzeitliche, in Südamerika beheimatete Echse: den Leguan. Der Vergleich ergab, daß sich tatsächlich im Kiefer des Leguans Miniaturausgaben der fossilen Zähne befanden – dieselbe Diamantform, dieselben geriffelten Kanten. Die prähistorischen Zähne stammten also in der Tat von einem Riesenreptil. 1825, drei Jahre nach dem Fund seiner Frau, veröffentlichte Mantell die Beschreibung eines Tieres, dem er den Namen *Iguanodon*, Leguanzahn, gab. (Iguana ist der lateinamerikanische Name des Leguans.)

Es dauerte noch neun lange Jahre, ehe Mantell einen großen Schritt weiterkam. 1834 wurden in einem Steinbruch bei Maidstone in Kent wieder Knochen eines *Iguanodon* entdeckt, doch der Besitzer des Steinbruchs verlangte stolze 25 Pfund für die Versteinerungen. Mantells Freunde legten zusammen und kauften die Knochen, aus denen Mantell nun das Tier rekonstruierte, dem er schon einen Namen gegeben hatte. Mantells *Iguanodon* ist eine spreizgängige, eidechsenähnliche Kreatur mit einem Horn auf der Nase. Dieser Konstruktionsfehler ist insofern verzeihlich, als bei den Knochen nur einer der beiden Daumendornen des *Iguanodon* gefunden worden war. Was lag näher, als ihn dem Tier wie einem Nashorn oben auf die Schnauze zu setzen?

BUCKLAND UND OWEN

Noch bevor Gideon Mantell seine Beschreibung des *Iguanodon* veröffentlichte, publizierte Dr. William Buckland 1824 die Beschreibung des fossilen Kieferknochens eines Tieres, das er *Megalosaurus*, Riesenechse, nannte.

William Buckland war ein etwas exzentrischer Kleriker, der später Dekan von Westminster Abbey werden sollte, und ein brillianter Wissenschaftler. Er hielt sich einen Schakal und einen kleinen Bären als Haustiere und schrieb populärwissenschaftliche Bücher über so unterschiedliche Themen

Gideon Mantell erkannte als erster, daß es einst Riesenreptilien gegeben haben mußte. Diese Zähne eines *Iguanodon* gaben ihm drei Jahre lang Rätsel auf, dann sah er die Zähne eines heute lebenden Leguans und bemerkte die Ähnlichkeit mit denen des *Iguanodon*.

wie die Geologie der Alpen und die Säugetiere der letzten Eiszeit. Seine Arbeit über *Megalosaurus* stützte sich auf das Studium von fossilen Knochen, die mindestens seit 1818 in den Kellerräumen des Museums von Oxford herumlagen. Seine vollständige Beschreibung führte Baron Cuvier zu der Ansicht, *Megalosaurus* müsse etwa zwölf Meter lang gewesen sein. Anders als Buckland hielt Cuvier *Megalosaurus* jedoch für ein fleischfressendes Meeresreptil.

In den Jahren, die auf die Veröffentlichungen von Mantell und Buckland folgten, kamen in England und Festlandeuropa immer mehr mesozoische Reptilienfunde ans Licht, und bis 1840 hatten neun dieser Tiere einen Namen bekommen. An diesem Punkt betrat Dr. Richard Owen die Bühne des Geschehens. Er war einer der berühmtesten Wissenschaftler des viktorianischen Zeitalters. Als Experte von Weltruf auf dem Gebiet der Tieranatomie wurde er unter anderem der erste Direktor des Natural History Museum in London. Zu seinem Aufgabenbereich als Naturwissenschaftler hatte auch gehört, Tiere zu sezieren, die im Londoner Zoo verendet waren; dort hatte er seine Grundkenntnisse in vergleichender Anatomie erworben. Owen führte intensive Studien an allen ihm zugänglichen Fossilien durch und kam zu dem Ergebnis, daß diese Tiere mit keinem heute lebenden Tier direkt verwandt waren. Doch wenn es keine Uraltversionen von Krokodilen und Eidechsen waren, was dann? Er stellte die kühne Behauptung auf, daß zumindest drei von ihnen, *Megalosaurus, Iguanodon* und der ebenfalls von Mantell beschriebene *Hylaeosaurus*, prähistorische Reptilien von enormer Größe gewesen seien, die einer bis dato unbekannten Ordnung angehörten, die er Dinosauria nannte, nach den griechischen Wörtern *deinos* (schreckerregend) und *sauria* (Echse). Diesen Namen benutzte Owen erstmals öffentlich beim jährlichen

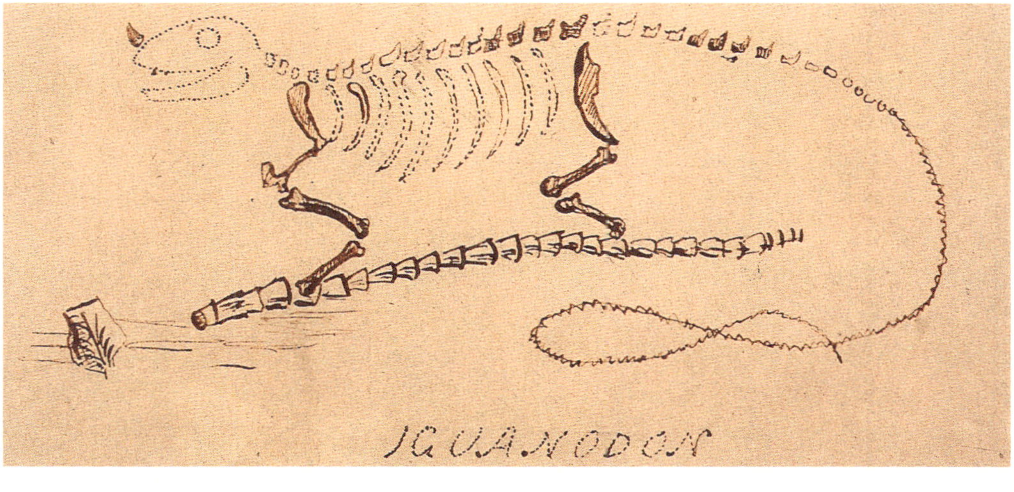

„Nachdem ich nun drei Monate lang jede Nacht mit dem Meißel gearbeitet habe ...", schrieb Gideon Mantell einem Freund, nachdem er die *Iguanodon*-Knochen 1834 aus dieser Steinplatte herausgelöst hatte. (Man denke an die arme Frau und die Kinder!)

Sein erster mit der Feder gemalter Entwurf *(links)* zeigt einen eidechsenähnlichen *Iguanodon*, wie er ihn aus den wenigen freigelegten Bruchstücken zwangsläufig fehlerhaft rekonstruierte. Deshalb saß der Daumendorn dem Tier auf der Nase.

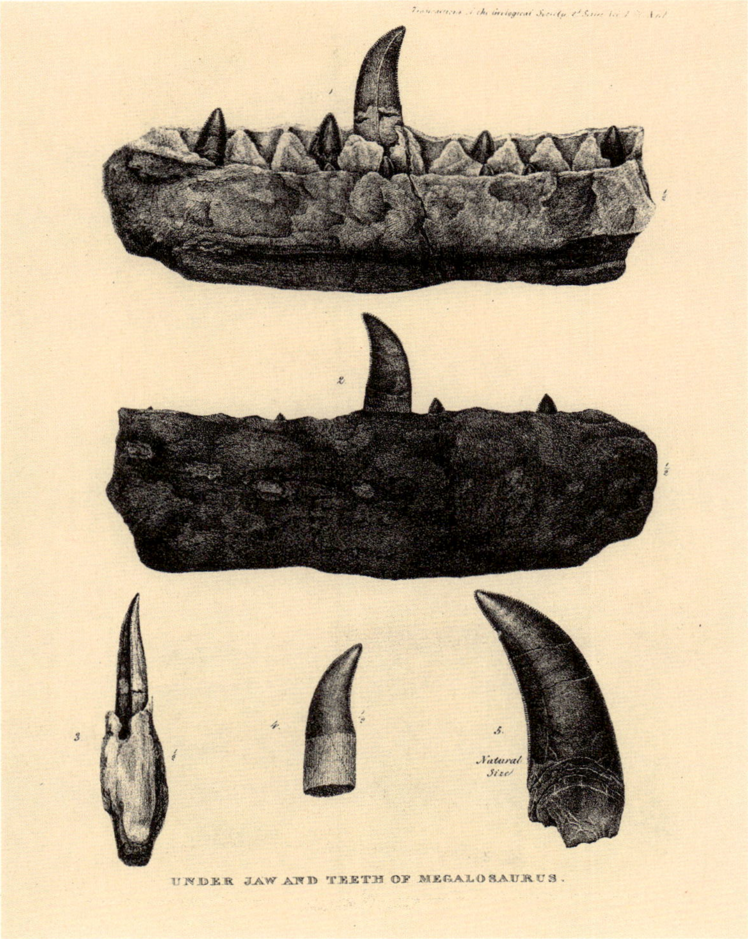

Dekan William Buckland, Theologe, brillianter Denker und eigenbrötlerischer Exzentriker, war der erste, der anhand eines Unterkieferknochens und einiger Zähne einen Dinosaurier beschrieb und mit dem Namen *Megalosaurus* belegte.

Treffen der Mitglieder der British Association for the Advancement of Science – der britischen Gesellschaft zur Förderung der Wissenschaften – in Plymouth im Jahr 1841. Owen hatte ein großartiges Stück wissenschaftlicher Arbeit geleistet und war zu erstaunlichen Folgerungen gekommen. Aus den wenigen Skelett-Bruchstücken dreier völlig verschiedener Tiere, deren tatsächliches Aussehen er nicht einmal kannte und das er, wie wir wissen, auch falsch rekonstruierte, hatte er doch richtig herausgelesen, daß sie einer eigenen, noch unbekannten Ordnung angehörten. Die lebensgroßen Rekonstruktionen, die unter Owens Aufsicht 1854 geschaffen wurden und noch heute im Crystal Palace Park in London zu besichtigen sind, zeigen schwerfällige, vierbeinige Kreaturen. Heute wissen wir, daß diese Dinosaurier anders aussahen. Doch es bleibt Owens Leistung, sie korrekt als urzeitliche Reptilien identifiziert und als eigene Gruppe mit typischen Charakteristika beschrieben zu haben, Merkmale, an denen wir sie auch heute auf Anhieb erkennen. Viele kluge Leute haben während der letzten 150 Jahre Dinosaurierfossilien gefunden und immer neuen Arten neue Namen gegeben. Doch eigentlich kann nur von Gideon Mantell, William Buckland und Richard Owen gesagt werden, daß sie die Dinosaurier „entdeckt" haben. Owens Beitrag war rein geistiger Natur (es wäre ihm nie eingefallen, nach Knochen zu graben), allein anhand von sachlichen Überlegungen kam er auf die Idee, es müsse sich um eine eigene Gruppe von urzeitlichen Riesenechsen handeln. Diesem brillianten Geist arbeiteten Praktiker wie Buckland und Mantell zu, die den Mut hatten, trotz aller Rückschläge weiterzuforschen.

ERSTE FUNDE IN DEN USA

Bald nachdem die Dinosauriermodelle im Crystal Palace Park aufgestellt worden waren, gab es einen spektakulären Fund im US-Staat New Jersey, der Owens Vorstellungen vom Aussehen der Dinosaurier völlig über den Haufen zu werfen drohte. 1858 hörte ein gewisser William Parker Foulke von einem Farmer in Haddonfield,

Unten links: Richard Owen ist der Erfinder des Wortes „Dinosaurier". Er erkannte als erster, daß es sich um eine eigene Ordnung handelte. Von ihm stammen die Entwürfe für die lebensgroßen Modelle, die der Bildhauer Benjamin Waterhouse Hawkins für die Ausstellung im Chrystal Palace 1854 schuf. *Oben*: Eine zeitgenössische Abbildung aus der *Illustrated London News* zeigt ein halbfertiges Modell eines *Iguanodon*, in dem Owen zu Ehren ein Essen serviert wird.

er habe auf seinem Land vor 20 Jahren einen großen, versteinerten Knochen gefunden und seinen Freunden geschenkt. Von der Aussicht auf einen ungewöhnlichen Fund beflügelt, bat Foulke den Farmer um Erlaubnis, an der angegebenen Stelle weiter graben zu dürfen. Und tatsächlich kamen eine Vielzahl fossiler Knochen zum Vorschein, die Foulke sofort dem Professor für Anatomie an der Universität von Philadelphia, Dr. Joseph Leidy, zuschickte. Leidy untersuchte die Knochen und veröffentlichte einige Monate später eine Abhandlung über einen Dinosaurier, den er Foulke zu Ehren *Hadrosaurus foulkii* nannte, Foulkes schwere Echse. Die gut erhaltenen Beinknochen erlaubten Leidy die Schlußfolgerung, daß dieser Dinosaurier, der in vielerlei Hinsicht *Iguanodon* ähnlich war, ein Zweibeiner gewesen sein mußte, der aufrecht, einem Vogel ähnlich, gegangen war, ganz anders als die von Owen rekonstruierten, schwerfälligen Vierbeiner. Wie so häufig in der Geschichte der Dinosaurierforschung wurde das Bild, das man sich von ihnen gemacht hatte, durch neue Funde erschüttert. Zwanzig Jahre lang tobte eine heiße Debatte; Vertreter beider Seiten suchten, fanden und beschrieben Dinosaurier, die ihren Standpunkt stützten. Die fossilen Skelette der flinken Fleischfresser *Dryptosaurus* (früher *Laelaps)* und *Compsognathus* wurden von der einen Seite als eindeutige Beweise für die Zweibeinigkeit der Dinosaurier angeführt, während Owens Beschreibungen des Stegosauriers *Omosaurus* (heute *Dacentrurus* genannt) wie auch des schwer gepanzerten Ankylosauriers *Scelidosaurus* eindeutig für die These von der Vierbeinigkeit der Dinosaurier sprachen. Beide Seiten hatten natürlich, wie wir heute wissen, recht – es gab sowohl Zwei- als auch Vierbeiner unter den Dinosauriern. Doch erst der Fund von Bernissart legte den Streit bei.

DER FUND VON BERNISSART

Im April 1878 bemerkten Bergarbeiter in einer Kohlengrube im belgischen Bernissart, daß sie dabei waren, in 322 Metern Tiefe die Knochen eines Riesenfossils zu zerhacken. Sie informierten den Minenbesitzer, der die Sache dem königlichen Naturkundemuseum in Brüssel meldete.
Was die Minenarbeiter entdeckt hatten, war nichts Geringeres als ein „Massengrab" des *Iguanodon*, in dem 30 fast vollständige Skelette beisammen lagen. Das Merkwürdigste aber war, daß die Fossilien nicht in einer horizontalen Schicht eingeschlossen lagen, sondern in einer senkrechten Lehmsäule, die wie ein Kaminschlot 30 Meter tief in die waagerechten Lagen von Kohle und Schiefer hineinreichte. Wie konnte so etwas zustandegekommen sein? Drei Jahre intensiver Arbeit führten die Wissenschaftler zu der Erkenntnis, daß sich an dieser Stelle vor Jahrmillionen eine schmale, tiefe Schlucht befunden haben mußte. Zunächst nahm man an, daß alle Tiere auf einmal dort hin-

Ganz oben: Louis Dollos Lebenswerk war die Aufarbeitung der *Iguanodon*-Funde in der Kohlengrube von Bernissart. *Links:* Nur eine Kapelle nahe dem Brüsseler Museum war groß genug, um das erste Skelett aufbauen zu können; Schnüre hielten die Knochen in Position. Heute stehen die Skelette von Bernissart im Brüsseler Museum *(oben).*

eingestürzt wären und später von Schlamm bedeckt worden seien, der durch schwere Regenfälle in die Klamm gewaschen wurde. Heute hält man es für wahrscheinlicher, daß über einen langen Zeitraum hin immer wieder Tiere in die schmale Felsspalte stürzten, weil sich die Skelette in verschiedenen Ablagerungsschichten fanden.

Stück um Stück wurden die Knochen ausgegraben, numeriert und nach Brüssel transportiert, wo man den frisch ernannten Museumsassistenten Louis Dollo mit der Beschreibung der Funde beauftragte. Dies war eine der bis heute seltenen Möglichkeiten zu einer umfassenden Dinosaurierstudie, denn statt eines einzelnen Tieres hatte Dollo ja zwei Dutzend komplette Exemplare, die er vergleichen konnte. So konnte er eindeutig beweisen, daß *Iguanodon* vorrangig ein Zweibeiner war, dem die gitterähnlichen, versteinerten Sehnen, die entlang des Rückgrats verliefen sowie Rücken und Schwanz den nötigen Halt für den aufrechten Gang gaben, und daß das Horn, das Owen und Mantell ihm auf die Nase gesetzt hatten, eine an den Daumen angewachsene Stoßwaffe war. Aus der Fülle des Materials gelang ihm eine Rekonstruktion der Größe der Muskeln und damit eine Bestimmung der Art und Weise, wie *Iguanodon* sich fortbewegte. Außerdem ließ Dollo die Skelette so zusammensetzen, daß man sie im Museum aufstellen konnte – noch heute kann man sie in ihren riesigen Glaskästen besichtigen.

Louis Dollos Arbeiten an den Bernissart-Skeletten bilden in vielerlei Hinsicht die Grundlagen der modernen Dinosaurierforschung. Denn Dollo hielt sich nicht allein beim Studium des *Iguanodon* auf, er suchte auch nach den fossilen Resten dessen, was die Umgebung des *Iguanodon* ausgemacht haben mußte, nach Resten anderer Tiere und Pflanzen, denn er wollte ein genaues Bild des Dinosauriers und seiner natürlichen Umgebung und Lebensweise rekonstruieren.

COPE UND MARSH

Während Dollo in Europa an seinen Bernissart-Funden arbeitete, wurde die Dinosaurierforschung in den USA von zwei Persönlichkeiten dominiert, von Edward Drinker Cope und Othniel Charles Marsh. Beide waren angesehene amerikanische Gelehrte, beide waren ideenreich und voller ungebärdiger Energie, was ihre Studien anlangte, und beide haßten einander aus tiefster Seele. Ihre Rivalität ist ein unschöner Aspekt in der Geschichte der Dinosaurierforschung und letztlich verantwortlich für eine Entwicklung, für die man den Namen „amerikanisches Dinosaurier-Fieber“ geprägt hatte.

Warum konnten Cope und Marsh sich nicht ausstehen? Noch 1868 hatten sie gemeinsam in freundschaftlicher Eintracht das Grabungsfeld von Haddonfield, wo *Hadrosaurus foulkii* entdeckt worden war, untersucht, doch zwei Jahre später waren sie erbitterte Feinde. Einer Geschichte zufolge soll Cope die Beschreibung eines prähistorischen Meeresreptils namens *Elasmosaurus* veröffentlicht haben, wobei er vor allem auf die merkwürdige Wirbelsäule des Tieres verwies. Marsh nahm das Tier ebenfalls in Augenschein und wies Cope darauf hin, daß er das Tier bei der Rekonstruktion vom Schwanz her aufgezäumt hätte, sprich, er hätte ihm den Kopf an das Schwanzende gesetzt! Und Marsh hatte recht. Diese Demütigung soll Cope seinem Freund Marsh nie verziehen haben.

Was auch immer der Grund ihrer Rivalität gewesen sein mag, im Jahr 1877 war sie fest zementiert. Just in diesem Jahr fanden zwei Lehrer unabhängig voneinander in Colorado zwei Dinosaurierskelette. Der eine schickte seinen Fund an Cope, der andere an Marsh.

Eine fieberhafte Suche nach weiteren Knochen begann. Sowohl Cope als auch Marsh heuerten Teams von Ausgräbern an. Zunächst schienen sich in Copes Bereich die größeren und besser erhaltenen Knochen zu finden, doch dann hatte Marsh eine Glückssträhne und lag eindeutig vorn im Wettlauf um die besten Dinosaurierknochen. In einem geheimnisvollen Brief teilten ihm zwei Männer, die sich Harlow und Edwards nannten, mit, sie hätten an einem geheimen Ort in Wyoming Riesenknochen gefunden. Es stellte sich heraus, daß die beiden Männer Streckenarbeiter bei der gerade im Bau befindlichen Union-Pazific-Eisenbahnlinie waren. Entlang der Bahnstrecke hatten sie bei Como Bluff einen zehn Kilometer langen Streifen fossilienhaltigen Jura-Gesteins gefunden. Marsh unterzeichnete einen Vertrag mit ihnen, und sie schickten ihm tonnenweise Knochen. Natürlich interessierte auch Cope sich für den Fundort bei Como Bluff. Auch er entsandte ein Team

Edward Drinker Cope

Othniel Charles Marsh

Edward Drinker Cope und Othniel Marsh waren erbitterte Feinde, doch die Namen dieser beiden bedeutenden amerikanischen Paläontologen sind für immer mit der Dinosaurierforschung und miteinander verknüpft. Sie beschrieben und benannten mehr als 130 verschiedene Arten.

Der millionenschwere Industrielle Andrew Carnegie finanzierte eine Expedition nach Wyoming, USA, wo die Knochen eines riesigen Tieres ausgegraben wurden, das zu Ehren des großzügigen Mäzens *Diplodocus carnegiei* genannt wurde. Später finanzierte er außerdem Gipsabgüsse des Riesenskeletts, die an die Museen der Welt verschenkt wurden, darunter ein Exemplar für das Natural History Museum, London, das im Mai 1905 in Anwesenheit von König Edward VII. dem Museum übergeben wurde.

von Ausgräbern dorthin, und mehr als einmal soll es zwischen den Arbeitern zu tätlichen Auseinandersetzungen um die Knochen gekommen sein. Dabei war, was man entdeckte, für beide mehr als genug.
Gegen Ende der 80er Jahre des letzten Jahrhunderts wandten Cope und Marsh ihr Interesse wieder mehr den Fossilien der Kreide zu. Damit kehrten sie zu Forschungen zurück, die sie schon in den Anfangsjahren ihrer Karrieren betrieben hatten. Marsh hatte zwei Dinosaurier aus der Kreide beschrieben und mit Namen belegt, und Cope hatte 1876 eine Expedition nach Montana geleitet. Das war das Jahr, als der Sioux-Häuptling Sitting Bull General Custers Truppen bei der Schlacht am Little Big Horn vernichtet hatte. Die kreidezeitlichen Fossilschichten am Judith River lagen im Herzen des Siouxgebietes, und man warnte Cope davor, sich dorthin zu begeben. Doch er meinte, es bestehe keine Gefahr, und tatsächlich kam es durchweg zu freundschaftlichen Kontakten mit den Indianern. Ein Mitarbeiter seines Teams berichtete, Cope habe die Indianer damit unterhalten, daß er sein Gebiß herausgenommen und herumgezeigt habe. 1892 waren beide, Marsh und Cope, wieder in Montana tätig und suchten nach Überresten aus der Endzeit der Dinosaurier. Natürlich spornte ihre Rivalität sie zu immer neuen und noch größeren Anstrengungen an. Immerhin verdanken wir den beiden die Beschreibung von insgesamt 130 Arten, wobei sie oftmals auf vollständig erhaltene Skelette zurückgreifen konnten. Und wieder änderte sich die Einschätzung der Lebensweise der Dinosaurier. Dollo hatte anhand des intensiven Studiums einer Art gezeigt, wie ein Dinosaurier als reales Lebewesen einzuordnen war. Cope und Marsh enthüllten eine Dinosaurierwelt, die voll war von den unterschiedlichsten Arten, eine komplexe Gemeinschaft außerordentlicher Reptilien. Der Beitrag dieser drei Männer zum Verständnis der Dinosaurier ist bis heute einzigartig.

ENTDECKUNGEN AUF ALLEN KONTINENTEN

In Kanada, im Red Deer River Valley in Alberta, fand man erstmals 1884 ein Dinosaurierfossil, es war der Schädel des Fleischfressers *Albertosaurus*, nach der Provinz benannt, in der er entdeckt worden war. Man unternahm noch ein paar Versuche in diesem schwierigen Gelände, doch erst 1910 stellte der Amerikaner Barnum Brown eine Expedition zusammen. Um vom Fluß aus operieren zu können, ließ er ein großes Floß bauen, das alle Ausrüstung an Bord hatte und als mobiles Camp diente. Wo immer er es für sinnvoll hielt, ließ er ankern und suchte nach Fossilien, die dann wiederum auf dem Floß transportiert werden konnten. Mehrere Sommer lang arbeitete Brown auf diese Weise und fand hervorragend gut erhaltene Skelette unter anderem von *Corythosaurus, Styracosaurus* und *Centrosaurus*. Über Jahrtausende hatte der Red Deer River sein Bett durch das fossilienreiche Gestein gegraben und in allen Schichten entlang seiner Steilufer Skelette freigelegt. Das Gestein des Tales ist ein Jahrmillionen umfassendes Geschichtsbuch, das Brown die Möglichkeit eröffnete, das Leben der Dinosaurier in zeitlicher Abfolge darzustellen.
In einer ganz anderen Ecke der Welt, im ostafrikanischen Tansania, stieß 1907 ein deutscher Ingenieur in der Nähe des Dorfes Tendaguru auf die versteinerten Knochen eines gigantischen Dinosauriers. Er berichtete dem Direktor des Berliner Museums für Naturkunde von seinem Fund, der die Mittel auftrieb, eine Expedition auszurüsten. Es sollte die teuerste, schwierigste und aufwendigste Dinosaurierausgrabung aller Zeiten werden. Tendaguru liegt rund 70 Kilometer von der Küste entfernt und war damals nur durch einen Vier-Tage-Fußmarsch durch den Dschungel zu erreichen. Auf dem Höhepunkt der Ausgrabungsarbeiten waren 500 einheimische Arbeiter mit ihren Familien hier beschäftigt. Es war eine ganze Stadt entstanden. Häuser und Hütten wurden gebaut, Nahrung und Wasser mußten herbeigeschafft werden, man brauchte sanitäre Einrichtungen und eine Krankenstation. Die von den Expeditionsleitern Edwin Hennings und Werner Janensch zusammengestellte Statistik ist aufschlußreich. In den ersten drei Jahren der Expedition, 1909 bis 1911, wurden 4300 Ladungen fossiler Knochen von der Grabungsstelle zum Hafen nach Lindi transportiert. Jede Ladung wurde von einer Gruppe von Trägern geschleppt, die insgesamt 5400 mal hin und zurück marschierten! Schließlich waren über 250 Tonnen fossilienhaltigen Gesteins aus Tendaguru abtransportiert worden. Und die Funde waren spektakulär, gehörte doch ein *Brachiosaurus* dazu, bis heute mit 23 Metern Länge das größte vollständige Skelett, das je gefunden wurde, aber auch ein gepanzerter Stegosaurier, *Kentrosaurus*, und ein kleiner zweibeiniger Pflanzenfresser, *Dryosaurus* genannt.
Die Entdeckung von Dinosauriern in der Mongolei war eher ein Zufall. 1922 entsandte das American Museum of Natural History unter Leitung von Roy Chapman Andrews eine Expedition in die Wüste Gobi, deren Ziel es sein sollte, nach Fossilien des vorgeschichtlichen Menschen zu suchen. Eine Kamelkarawane bildete mit Ausrüstung, Material und Versorgungsgütern die Vorhut, ihr folgten die Forscher in Jeeps im Zickzack durch das enorm große Gelände auf der Suche nach Fossilien. Sie orientierten sich wie Seefahrer auf dem Meer mit Kompaß und Sextant. Das System funktionierte ausgezeichnet, bis auf die Winzigkeit, daß sie nicht ein einziges

Die Ausgrabung bei Tendaguru im ostafrikanischen Tansania war die größte ihrer Art. Unter den Knochen, die zwischen 1909 und 1911 hier entdeckt wurden, waren die eines *Brachiosaurus*. Sie sind heute im Humboldt-Museum in Berlin ausgestellt *(links)* und bilden bis heute das größte, vollständig aufgebaute Skelett der Welt. *Oben:* Dieses Schulterblatt entdeckte in den 20er Jahren eine britische Expedition.

Knöchelchen eines prähistorischen Menschen entdeckten. Statt dessen stieß die Expedition zwischen 1922 und 1925 auf Skelette ganz neuer Dinosaurierarten, darunter *Oviraptor* und *Saurornithoides*; und dann kam der spektakulärste Fund von allen: Ein Nest mit Eiern des *Protoceratops*! Das amerikanische Team unternahm auch ein paar Forschungen in China auf dem Weg von und zur Gobi, doch es war eine russische Forschergruppe, die bereits 1917 den chinesischen Hadrosaurier *Manschurosaurus* (heute *Gilmoreosaurus* genannt) ausgrub. 1933 wurde Yang Zhong-Jian, westlichen Paläontologen besser unter dem Namen C.C. Young bekannt, Leiter einer chinesischen Dinosaurierexpedition und war in den folgenden 40 Jahren verantwortlich für einige der erstaunlichsten Entdeckungen dieses Jahrhunderts. Es wurden Dinosaurier fast aller Unter- oder Zwischenordnungen gefunden, darunter der merkwürdige *Mamenchisaurus* mit seinem überdimensional langen Hals (bei einer Gesamtlänge von 22 Metern hatte er einen knapp zehn Meter langen Hals), der Stegosaurier *Tuojiangosaurus* und verschiedene Hadrosaurier.

Heute wird die Suche nach Dinosaurierfossilien auf der ganzen Welt fortgesetzt, und auf jedem Kontinent wurde man bisher fündig. Jeder neue Fund erweitert unser Wissen über die prähistorische Welt; manchmal, indem er bereits Bekanntes bestätigt, manchmal, indem er bisher Angenommenes über den Haufen wirft. Inzwischen gibt es die erstaunlichsten Funde wie beispielsweise die Fußstapfen eines *Iguanodon*, auf die man im Westen der Insel Spitzbergen traf, und die Überreste eines Ankylosauriers und eines kleinen Pflanzenfressers, dem *Hypsilophodon* sehr ähnlich, die am Rande der Antarktis gefunden wurden. In solchen Gebieten, die heute von kilometerdicken Eisschichten bedeckt sind, ist die Suche natürlich extrem schwierig, ja im Inntern der Antarktis ist sie unmöglich, obwohl sicherlich mit Funden zu rechnen sein dürfte, bedenkt man die einstige Lage der Antarktis.

Manchmal aber geschieht es auch, daß man in einem besiedelten Gebiet, nicht weit von

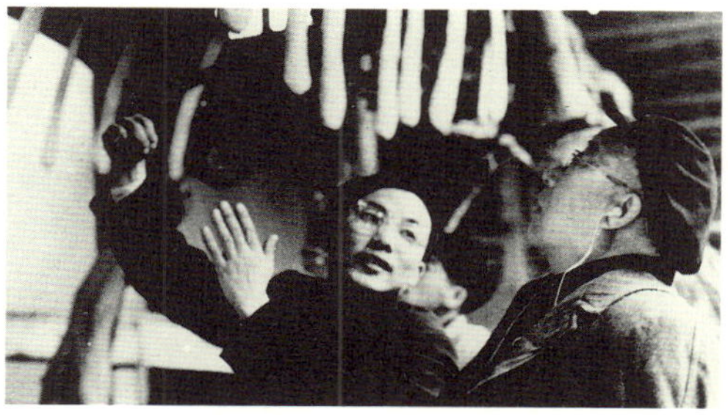

Oben: Yang Zhong-Jian (C.C.Young) war während der letzten 40 Jahre für die chinesischen Ausgrabungen verantwortlich. *Unten:* Funde von riesigen Sauropoden wie *Mamenchisaurus* beweisen, daß verwandte Dinosaurierarten in den verschiedensten Teilen der Welt vorkamen.

Roy Chapman Andrews, ein genialer Organisator, der in der Wüste Gobi mit Jeeps, Kamelen und Trägern Expeditionen durchführte, war kein Paläontologe, doch ihm gelang ein besonders spektakulärer Fund: Dinosauriernester mit Eiern.

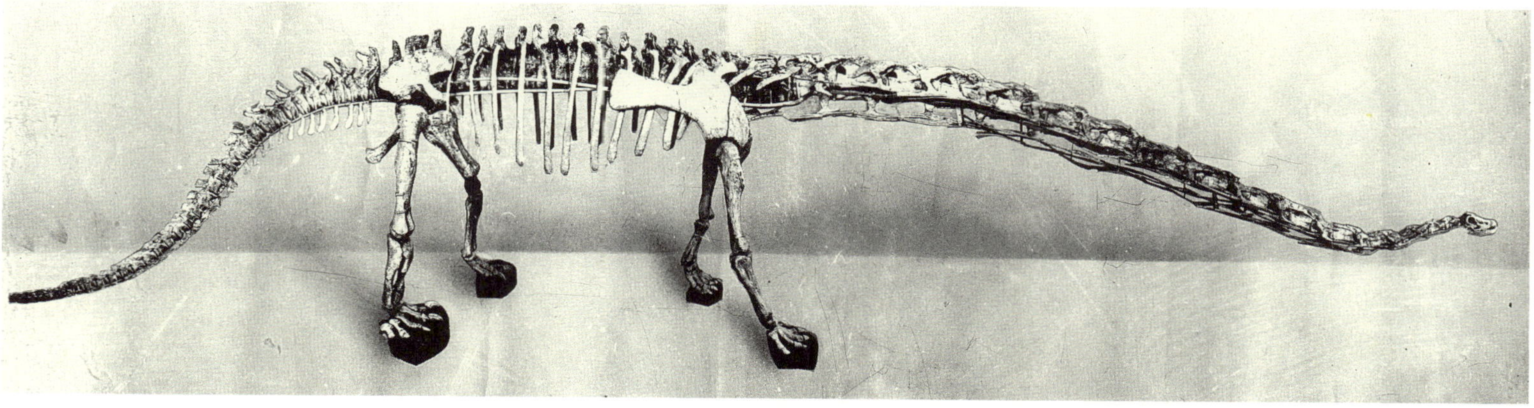

Diese verschiedenen Modelle eines *Iguanodon* zeigen, wie sich das Bild, das sich die Wissenschaft von den Dinosauriern machte, im Laufe der Jahre verändert hat.

Waterhouse Hawkins zeigte *Iguanodon* 1853 als schwerfälligen Vierbeiner mit einem Horn auf der Nase.

Vernon Edwards rekonstruierte *Iguanodon* in den 40er Jahren auf Grund der Funde von Bernissart als känguruhähnlichen Zweibeiner.

Jüngste Forschungen ergaben, daß das Körpergewicht *Iguanodons* durch den schweren Schwanz im Gleichgewicht gehalten wird, und er sowohl auf zwei als auch auf vier Beinen gehen konnte.

einer Straße, erstaunliche Funde macht, wie dies bei *Baryonyx* der Fall war (siehe auch Kapitel 9). Während einerseits draußen in der Landschaft fossilienreiche Gesteine systematisch abgesucht werden, arbeiten die Forscher innerhalb der Laboratorien an immer neuen und verfeinerten Techniken, mit denen auch den alten Funden, die seit Jahren in den Kellern der Museen lagern, neue Informationen entlockt werden können. Fast täglich wird von irgend einem Forscher in einer Fachzeitschrift eine neue Theorie zur Diskussion gestellt oder eine neue Entdeckung veröffentlicht, die auf Feldarbeit oder einer neuen Labortechnik beruht. All das bringt uns Schritt um Schritt einem immer besseren Verständnis für die Dinosaurier und ihre Welt näher.

DIE NICHT ENDENDE FASZINATION

Fast alle Menschen sind fasziniert von den Dinosauriern. Nur 14 Jahre nachdem Richard Owen das Wort geprägt hatte, unter dem wir diese erstaunlichen Tiere heute kennen, fand die erste Ausstellung mit lebensgroßen Nachbildungen im Chystal Palace in London statt und konnte Rekordbesucherzahlen verzeichnen. Nicht anders ist es heute, wenn irgendwo eine besondere Ausstellung angekündigt wird. Und auch in den naturkundlichen Museen, wie etwa im Senckenberg-Museum in Frankfurt oder im Humboldt-Museum in Berlin, sind die riesigen Skelette immer von Besuchern umlagert. Alle wollen wissen, wie die Dinosaurier ausgesehen haben, und es besteht große Nachfrage nach Illustratoren, die in der Lage sind, die Angaben der Forscher phantasievoll umzusetzen. Wenn man diese oft sehr gelungenen Bilder betrachtet, darf man freilich nie vergessen, daß es die Ergebnisse von Vermutungen und großer Vorstellungskraft sind. Vielleicht kommen sie der Wirklichkeit sehr nahe, sie können aber

auch an der einst gewesenen Realität völlig vorbeigehen. Niemand kann sagen, ob das Erscheinungsbild eines Dinosauriers wirklich so war, wie der eine oder andere Illustrator sie uns präsentiert.
Neben dem ernsthaften Interesse, das die Wissenschaft an den Dinosauriern hat, blüht die Unterhaltungs-Industrie. Ob in Comic-Heften, Büchern oder Filmen, Dinosaurier erfreuen sich größter Beliebtheit bei den Autoren, denn es sind Kreaturen, um die herum man Abenteuer konstruieren kann, groß, gefährlich und bereit, alles anzugreifen, was sich bewegt. Man kann sie bei Bedarf auch als riesenhaft, aber dumm darstellen und folglich als ideale Gegner für einen menschlichen Helden, der die an Muskelkraft haushoch Überlegenen dank seiner Intelligenz überlistet und bezwingt. Wissenschaftliche Genauigkeit spielt in diesen Geschichten keine Rolle. Ist erst einmal der haarsträubende Schritt getan, Mensch und Dinosaurier zusammen auf dieselbe Bühne zu stellen, dann kann man sicher sein, daß auch Dinosaurier aller Epochen und Arten gleichzeitig auftreten werden, egal, wie vollkommen das allem Wissen der Paläontologen widerspricht, die nur zähneknirschend zuschauen können.
Vor allem der Auftritt der Dinosaurier im Film und in den Cartoons gab der Arbeit der Illustratoren eine neue Dimension, denn sie mußten die Tiere ja in Bewegung darstellen. Der erste Trickfilm, in dem ein Dinosaurier auftaucht, *Gertie, der Dinosaurier*, von Winsor McCay entstand 1914. In der Folge wurden viele Techniken ausprobiert, die Bewegungen der Dinosaurier zu simulieren, die beiden amerikanischen Experten für Spezialeffekte, Willis O'Brian und Ray Harryhausen waren hier die Pioniere. Heute reicht das Spektrum von bewegten Modellen über optische Tricks bis hin zu ferngesteuerten Robotern. Während die Dinosaurier heute ein anerkannter Bestandteil prähistorischen Lebens sind, gibt es andererseits noch immer Menschen, denen es schwerfällt, die wissenschaftlich erwiesenen Tatsachen zu akzeptieren. Diese Menschen lehnen die ganze Idee der Evolution ab, sie beharren auf der religiös geprägten Sicht von der Einheitlichkeit und Gleichzeitigkeit aller Schöpfung. Ihnen dient unter anderem ein Fund aus Texas, USA, als Beweis für ihre Vorstellung, denn sie vermeinen dort nebeneinander menschliche und Dinosaurier-Fußspuren nachweisen zu können.
Aber zurück zu der Frage, was Dinosaurier so attraktiv für die Menschen macht. Vielleicht liegt es einmal daran, daß es sich um derart außergewöhnliche Tiere handelte, den Drachen in alten Märchen und Sagen nicht unähnlich, die ja auch furchterregend und faszinierend zugleich sind. Zum zweiten aber sind die Dinosaurier alle tot, wir können uns also ihre gruseligen Aspekte vorstellen, ohne uns wirklich vor ihnen fürchten zu müssen, wie wir uns etwa vor einem lebendigen Krokodil ängstigen. Schließlich und endlich sind die Dinosaurier vielleicht auch deshalb so beliebt, weil es noch so viele ungelöste Rätsel und Fragen gibt. Jeder neue Fund birgt die Möglichkeit einer ganz neuen An- oder Einsicht. Was, wenn eine mumifizierte Haut gefunden würde, deren Farbe erhalten ist? Was, wenn ein gefiederter *Deinonychus* gefunden würde? Jedem könnte ein solcher Fund gelingen. Die Amateure unter den Fossiliensammlern sind die Augen und Hände der Wissenschaftler in aller Welt. Kein anderer Zweig der Wissenschaft bietet dem Laien so große und aufregende Möglichkeiten der Mitarbeit.

Auch wenn Familie Feuerstein und ihr Dino sich großer Beliebtheit erfreuen das Bild ist falsch: Zwischen den Menschen und den Dinosauriern liegen 61 Millionen Jahre.

DAS DINOSAU

9 Es kann Jahre dauern, bis die gefundenen Knochen eines Dinosauriers zu einem fertigen Skelett zusammengesetzt sind. Sie müssen präpariert, restauriert, studiert und einander richtig zuge-

RIER-PUZZLE 9

ordnet werden. Die Fähigkeiten vieler Menschen werden gebraucht, um aus den Einzelteilen ein stimmiges Ganzes zu machen.

Wer den Dinosauriern auf die Spur kommen will, muß über außerordentliche Kenntnisse und Begabungen verfügen. Ein guter Paläontologe muß zugleich Forscher, Archäologe, Detektiv, Künstler und Zoologe sein. Was aber machen die Dinosaurier-Experten im einzelnen? Wie erforscht man einen Dinosaurier?

Zunächst muß man einen finden oder vielmehr seine fossilen Reste. Fossilien bilden sich nur unter bestimmten Voraussetzungen (siehe Kapitel 1), und es gibt nur wenige Orte auf der Erde, wo solche Sedimentgesteine an der Oberfläche liegen. Oft sind ausgerechnet diese Gegenden schwer zugänglich. Doch Wind und Wetter sorgen dafür, daß immer wieder neue Sedimente, die Dinosaurierfossilien enthalten, freigelegt werden. So passiert es gelegentlich, daß Amateursammler zufällig über ein Fossil stolpern. Die meisten Fossilien aber werden bei wissenschaftlich geleiteten, planmäßig angelegten und durchgeführten Suchexpeditionen aufgespürt.

Unten: Dinosaurierskelette wurden auf allen Kontinenten gefunden. Manche Fundstellen sind sehr abgelegen, wie das nördliche Alaska oder die Antarktis.

EIN PALÄONTOLOGE BEI DER ARBEIT

Sinn und Zweck einer wissenschaftlichen Expedition ist die Ausgrabung eines neuen Fossils, das dann im Labor aufs genaueste untersucht wird. Manchmal muß man erst einen halben Hügel abtragen, aber wenn man dann auf die Knochen stößt, ist Feinarbeit angesagt. Sind anfangs Bagger und Bohrmaschine im Einsatz, wird später ein Kittmesser und ein weicher Pinsel gebraucht. Heute ist es auch durchaus üblich, ein noch ganz in Fels eingeschlossenes Fossil herauszulösen, es einzugipsen oder mit Polyurethanschaum für den Transport zu sichern und so ins Labor zu schaffen. Vorher allerdings muß eine ganz genaue Skizze von der Fundstelle und der Lage der einzelnen Knochen gemacht werden. Das ist wichtig, damit später die Einzelteile richtig zusammengesetzt werden können. Die Felsbrocken werden dann auf Lastautos manchmal aber auch auf dem Rücken von Kamelen, Eseln und Elefanten abtransportiert.

Im Labor wird aus dem Ausgräber ein Präparator, dessen Aufgabe darin besteht, alles umgebende Gestein, man nennt das die Matrix, von den fossilen Knochen zu lösen. Für diese Arbeit braucht man sehr viel Fingerspitzengefühl. Ein kleiner Vorteil liegt darin, daß die Matrix meist (aber nicht immer!) aus weicherem Gestein besteht als das Fossil.

Zunächst wird von einem großen Brocken die Matrix mit Hammer und Meißel weggeschlagen, dann werden Bohrer und Luftdrucksägen eingesetzt, deren feine Blätter mit Diamantspitzen besetzt sind, bis nur noch eine hauchdünne Gesteinsschicht über dem Fossil liegt.

Danach gibt es zwei Möglichkeiten. Besteht der verbliebene Rest aus Kalkstein, kann er mit Säuren abgelöst werden, die dem fossilen Knochen nichts anhaben. Diese Technik eignet sich sehr gut für kleine, sehr empfindliche Fossilien, kostet die Wissenschaftler aber eine Menge Zeit.

(Abbildung Seite 104/105) Dieses lebensgroße Modell des 1983 in England gefundenen *Baryonyx* befindet sich im Natural History Museum in London.

Im Januar 1983 fand der Amateursammler William Walker in einer Lehmgrube in Surrey diesen Knochenkern einer großen Kralle. Paläontologen vom Natural History Museum, London, erkannten sie sofort als die Kralle eines großen, ungewöhnlichen Fleischfressers, doch niemand ahnte, daß es sich um den wichtigsten europäischen Dinosaurierfund dieses Jahrhunderts handelte.

Ist die Matrix noch sehr dick oder nicht säurelöslich, wird eine Art Sandstrahlgebläse eingesetzt. Das ist ein Stahlkasten mit Guckfenster aus extra gehärtetem Glas, in den das Fossilgestein gelegt wird. Aus lenkbaren Düsen werden nun Stahl oder Plastikgeschosse von Sandkorngröße auf den Steinbrocken geschossen, was einen Höllenlärm macht. Für diese Arbeit ist großes Geschick nötig, damit das eigentliche Fossil nicht beschädigt wird. Ist ein Stück Fossil freigelegt, wird es sorgfältig mit Latex abgedeckt, um es vor den Geschossen zu schützen, mit denen nun die nächste Ecke freigeblasen wird. Meist kann man auf diese Art nicht die ganze Matrix entfernen, ein millimeterdünner Gesteinsmantel bleibt übrig. Jetzt fängt die Kleinstarbeit an. Mit Bohrern, wie sie der Zahnarzt hat, mit Skalpellen und Nadeln schabt der Präparator den letzten Rest der Matrix ab und bestreicht das Fossil mit härtenden Harzen, sowie der eigentliche Knochen erscheint. Man darf nicht vergessen, daß Dinosaurierknochen nicht glatt und gerade sind. Sie haben Dellen, Riffeln, Höhlungen, kleinste Wölbungen, die den Präparator schier zum Wahnsinn treiben können. Eine Woche harte Arbeit unter dem Stereomikroskop mag zu nicht mehr führen als der Freilegung eines einzigen Wirbels – und *Diplodocus* hatte mehr als 90! Es kann Jahre dauern, bis ein ganzes Skelett präpariert ist. In den Kellern aller Dinosauriermuseen der Welt liegen Kisten voller gut verpackter, unberührter Fossilien.

WISSENSCHAFTLICHE AUSWERTUNG

Nun muß der Paläontologe wieder in eine andere Rolle schlüpfen, denn es gilt, den Fund wissenschaftlich zu beurteilen. Als erstes muß man die einzelnen Knochen identifizieren. Nur in den allerseltensten Fällen findet man ein komplettes Skelett, dessen Teile auch alle richtig an Ort und Stelle liegen. Das verendete Tier ist vielleicht nicht sofort völlig von Schlamm bedeckt worden. Da kam erst noch ein Aasfresser und hat sich einen Brocken geholt, dann wurden die Reste von einem Fluß weggeschwemmt, ein Teil hat sich zwischen Felsen verhakt, ein anderes wurde weitergerissen. Oder die Knochen wurden, ehe sie fossilierten, unter Gestein zerdrückt. Was da im Boden gefunden und herauspräpariert wurde, sind sozusagen die Teile eines meist unvollständigen dreidimensionalen Puzzles, das nun zusammengesetzt werden soll, ohne daß man eine Vorlage hat.

Drei Wochen brauchte das Team des Natural History Museum, um die fossilienhaltigen Steine zu bergen. Ein paar Knochen lagen lose im Lehm, doch die meisten waren in dem eisenhaltigen Gestein fest eingeschlossen. Die Brocken wurden vorsichtig ausgelöst und gut verpackt ins Labor gebracht. *Rechts:* Auf einer Übersichtskarte wurde die genaue Lage jedes Blocks eingezeichnet und vermerkt, welche Knochen er enthielt.

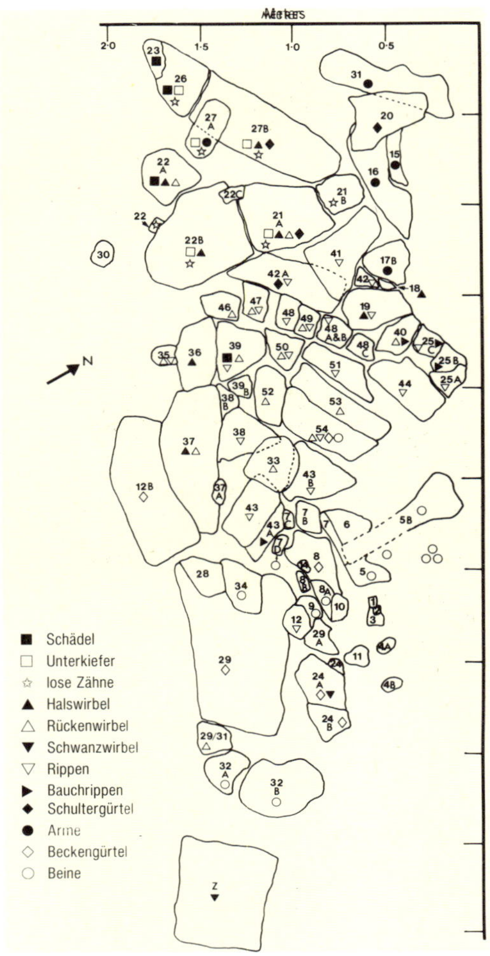

Wie bei einem Bilderpuzzle, wo man als erstes die Randsteine sucht, fängt auch der Paläontologe mit den wichtigsten, eindeutig erkennbaren Steinen an. Dazu gehören Schädel und Zähne. Jede Gattung hat ganz typische, eigene Schädelformen, und manchmal läßt sich schon aus dem Teilstück eines Schädels eine Menge herauslesen. Die Zähne sagen etwas über die Ernährung des Tieres aus, und die Wirbel sind ebenfalls auf Anhieb zu erkennen und insofern hilfreich, als wiederum jede Gattung eigene Wirbelformen hatte.

Auch in diesem Stadium geht die Arbeit nur langsam voran und ist mühsam, denn jeder einzelne Knochen muß beschrieben und aus allen Blickwinkeln abgezeichnet werden. Die Beschreibung eines einzelnen Wirbelknochens könnte so anfangen: „Der lange, stark opisthozöle Zervikalwirbel hat kurze Dornfortsätze und gut ausgebildete Gelenkfortsätze ...". Das ist Knochenarbeit im wahrsten Sinne, wenn man bedenkt, daß an einem einzigen Skelett mehr als 300 Knochen zu beschreiben sein können. Auch an der Technik der Illustrierung hat sich in den letzten 100 Jahren wenig geändert, noch immer wird meist von Hand illustriert. Manche Paläontologen sind begnadete Zeichner und machen ihre Illustrationen selbst, andere Forscher arbeiten mit Zeichnern zusammen. Heute wird außerdem mit Fotografien, meist Stereofotografie, gearbeitet.

Der gesamte Prozeß der Beschreibung und Identifizierung wirft manchmal mehr Fragen auf, als er beantwortet. Nun sind wieder andere Qualitäten des Paläontologen gefragt, denn er muß aufgrund wissenschaftlicher Kriterien Vergleiche mit anderen lebenden und ausgestorbenen Tieren anstellen, daraus seine Schlüsse ziehen. Er muß herausfinden, wo welches Teil seines Fundes hingehört – was extrem schwierig sein kann, vor allem, wenn es sich um Bruchstücke handelt. Wenn der Paläontologe Glück hat, dann war mehr als die Hälfte des Skeletts erhalten und vieles kann durch Modelle der vorhandenen Knochen ersetzt werden. Eine rechte Rippe zum Beispiel kann als Vorlage für ihr nicht mehr vorhandenes linkes Gegenstück dienen. Hat man drei Zehen vom einen und eine vierte vom anderen Fuß, kann man sich glücklich schätzen, denn man kann beide Füße rekonstruieren. Je mehr Knochen

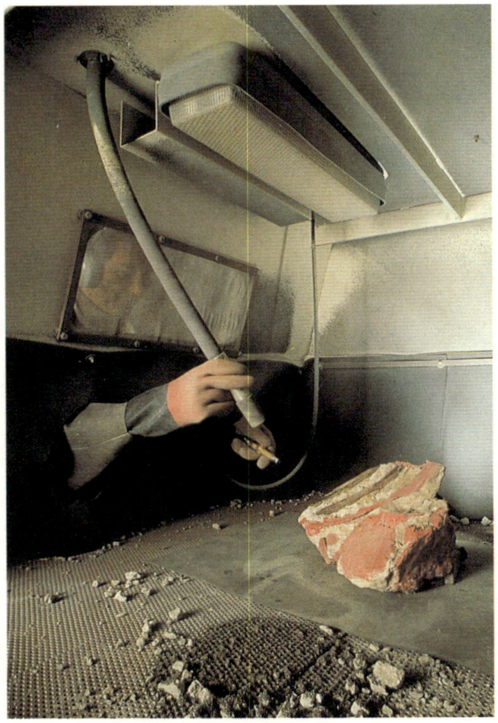

Mit einem Sandstrahlgebläse wird das umgebende Gestein von den fossilen Knochen weggesprengt. Auf diese Weise wurde der größte Teil der Matrix weggeblasen, nachdem vorher mit Hammer und Meißel die gröberen Teile weggenommen worden waren. Manche Blöcke enthielten mehrere Knochen. Sowie ein Stück Fossil freigelegt war, wurde es zum Schutz mit Latex abgedeckt.

fehlen, desto mehr ist man auf Vergleiche mit ähnlichen Funden angewiesen und natürlich auch auf die Übersichtskarte der Fundstelle, die ausweist, welches Stück wo gelegen hat.

Jetzt wird deutlich, wie wichtig diese Karte sein kann. Achtlosigkeit bei der Fundbergung kann zu haarsträubenden Fehlern bei der Rekonstruktion führen. Das passiert besonders leicht, wenn Knochen zweier verschiedener Tiere in einer Fundstelle liegen. Tatsächlich hat man erst 1975 einen uralten Fehler korrigieren können. Der von Othniel Marsh 1877 entdeckte *Apatosaurus* war mit dem Schädel eines *Camarasaurus* rekonstruiert worden, weil ein unglaublicher Zufall es wollte, daß ein kopfloses Skelett und ein einzelner Schädel recht nahe beieinander gelegen hatten und man sie deshalb – verständlicherweise – für zusammengehörig hielt.

Ein auch insofern verzeihlicher Fehler, als es sich bei beiden Tieren um große Sauropoden handelte.

Gehört der entdeckte Dinosaurier einer bereits bekannten Art an, dann kann man sich an den schon veröffentlichten Studien entlanghangeln. Ist das neue Exemplar aber besser erhalten oder vollständiger, kann es auch sein, daß die alte Studie korrigiert wer-

Mit einem preßluftbetriebenen Diamantbohrer trägt der Präparator die letzte feine Schicht der Matrix ab und überprüft seine Arbeit immer wieder unter dem Stereomikroskop. Sobald der zerbrechliche Knochen freigelegt ist, wird er mit schnell trocknenden Harzen bestrichen. Die voll herauspräparierten Stücke werden in klimatisierten Räumen aufbewahrt, bis alle Teile beisammen sind.

Fehlende Teile des Skelettes werden nach dem Vorbild der vorhandenen Knochen nachmodelliert. Dazu wird zunächst ein Wachsmodell geformt, das mit einem Mantel aus Lehm oder Silikon umgeben wird. Das Wachs wird ausgeschmolzen, und in die Hohlform wird knochenfarbiges, schnell härtendes Harz gegossen, das nach dem Erkalten eine genaue Replik des Originals bildet.

Die Rekonstruktion des 1983 in Surrey gefundenen Skeletts war nicht allzu schwierig, denn 60 Prozent der Knochen, hier weiß dargestellt, waren erhalten. Rotbraun sind die Ergänzungen. Es ergab sich das Gesamtbild eines mehr als zehn Meter langen, drei bis vier Meter großen, zweibeinigen, etwa zwei Tonnen schweren Fleischfressers.

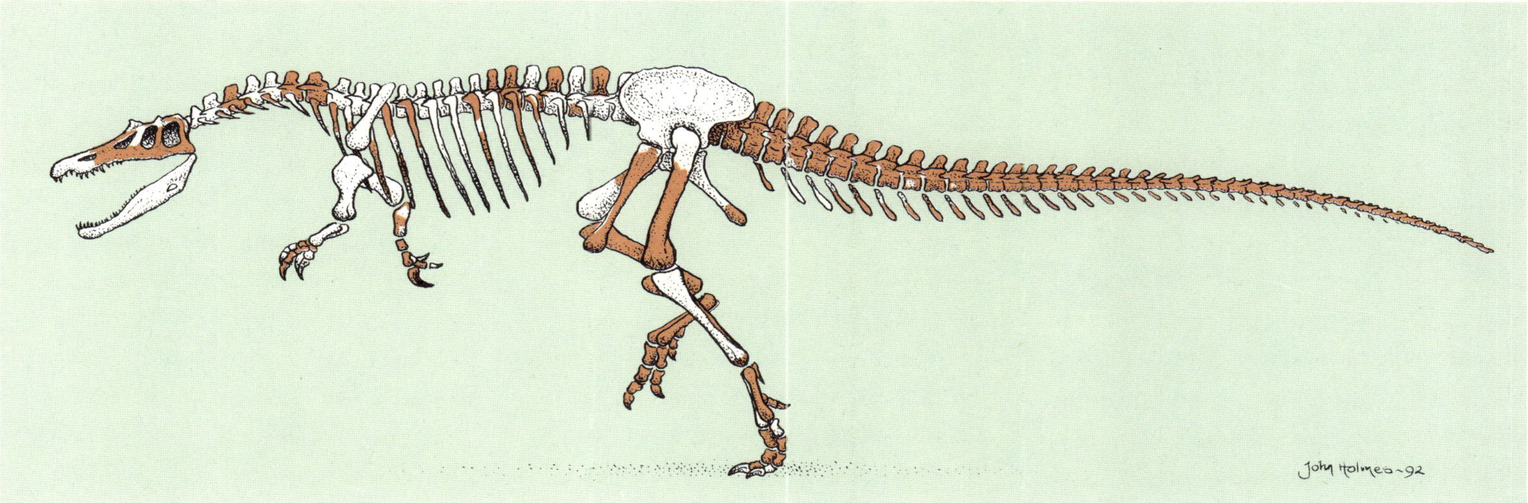

den muß. Man denke daran, wie sich auf Grund immer neuer Funde die Kenntnisse über *Iguanodon* vertieften.

Selbst über die heute am besten bekannten Dinosaurier ließe sich noch viel Neues herausfinden. Wird eine völlig neue Art entdeckt, ist die Rekonstruktion ungleich schwieriger, aber auch interessanter. Auch hier dient das Wissen über andere Dinosaurier als Grundlage.

Ist das Skelett zufriedenstellend rekonstruiert, folgt der nächste Schritt: Es muß überlegt werden, wie die Muskeln am Körper saßen. Da es keine fossilen Muskeln gibt, aber für jede Bewegung Muskeln nötig sind, ist auch das eine schwierige Aufgabe für den Paläontologen, der nun umsomehr auf Vergleiche mit heute noch lebenden Tieren und auf seine guten Anatomiekenntnisse angewiesen ist.

Schließlich ist das dreidimensionale Puzzle fertig. Jedes Stückchen Knochen ist identifiziert, fehlende Teile sind so gut wie möglich ergänzt. Die Größe, die Erscheinungsform, die Körperhaltung des Dinosauriers sind klar. Es mag den Paläontologen Jahre gekostet haben, so weit zu kommen, und doch ist er noch nicht am Ende, denn nun erst kann er anhand des vorliegenden Materials Vermutungen darüber anstellen, wie das lebendige Tier ausgesehen haben mag, wie es sich bewegte und lebte.

DETEKTIVISCHE KLEINARBEIT

Wie jeder Detektiv beginnt auch der Paläontologe mit der Besichtigung des Leichenfundorts. Ein guter Beobachter kann am umgebenden Gestein manchmal ablesen, ob am Fundort einst eine Klippe war, über die das Tier stürzte, ob hier einmal ein Tal mit einem Fluß war, ob der tote Dinosaurier im Wüstensand oder im Schlamm eines Tümpels begraben wurde. Das heißt, er kann sich eine mehr oder weniger genaue Vorstellung von der prähistorischen Landschaft machen und daraus wiederum ableiten, was der Dinosaurier ausgerechnet hier wollte.

Bei der Ausdeutung des Fundes von Surrey entdeckte man, daß es sich um eine bisher unbekannte Art handeln mußte. Der vollkommen erhaltene, sehr lange Unterkiefer mit 64 Zähnen, doppelt so vielen wie bei anderen Fleischfressern, zeigte eine frappierende Ähnlichkeit mit der Kopfform heutiger Krokodile, was die Vermutung nahelegt, daß dieser Dinosaurier ein Fischfresser war. Wie zur Bestätigung fand man in der Magengegend des Tieres fossile Schuppen eines *Lepidotes* von der Art, wie er hier abgebildet ist.

Gelegentlich lassen sich geradezu dramatische Szenen rekonstruieren. An einer Stelle in Utah, USA, wurde eine große Zahl von Skeletten des Fleischfressers *Allosaurus* gefunden (Massengräber von Fleischfressern sind eine ganz große Seltenheit), dazwischen die Überreste verschiedener Pflanzenfresser wie *Stegosaurus* und *Camarasaurus*. Das umgebende Gestein löste schließlich das Rätsel: Zur Zeit der Dinosaurier war die ganze Gegend ein einziger großer Sumpf. Wahrscheinlich wurde ein *Allosaurus* nach dem anderen von ebenfalls schon im Moor festsitzenden Pflanzenfressern angelockt. Doch spielte sich das Drama nicht an einem Tag ab, es war vielmehr eine Dauervorstellung, die über einen langen Zeitraum hin immer wieder neu aufgeführt wurde. Jedesmal, wenn ein Tier im Sumpf steckenblieb, kam ein *Allosaurus* und ging ebenfalls im tückischen Moor unter.

Detaillierte Untersuchungen einzelner Skelette können aber auch Fragen aufwerfen, die die Entwicklungsgeschichte der Dinosaurier betreffen. Ein Beispiel sind die Schädel und Zähne zweier großer Ordnungen der Pflanzenfresser, der Sauropoden

Der neu entdeckte Dinosaurier erhielt den Namen *Baryonyx* wegen seiner schweren Handkralle, mit der er vor rund 120 Millionen Jahren in den Flüssen Englands Fische erbeutete. Er ist der einzige bisher bekannte Fischfresser unter den Dinosauriern.

und der Ornithopoden. Während des Jura herrschten eindeutig die riesigen Sauropoden wie *Diplodocus* vor. Sie hatten einfache, stiftähnliche Zähne, mit denen sie die Vegetation regelrecht abmähten. Das Grünzeug schluckten sie unzerkaut hinunter.

Ihr deutlicher Rückgang gegen Ende des Jura geht Hand in Hand mit der Zunahme der Ornithopoden wie *Iguanodon* zu Beginn der Kreide. Die Tiere dieser Ordnung hatten Mahlzähne und verarbeiteten die Nahrung durch Kauen. Genau um diese Zeit entwickelten sich die Blütenpflanzen und gewannen die Oberhand. Ist es möglich, daß Tiere mit Mahlzähnen dieses Pflanzenmaterial besser verarbeiten konnten? Vieles spricht dafür, denn diejenigen, die am besten kauen konnten – Hadrosaurier wie *Edmontosaurus* –, stellten am Ende der Kreide die größte und erfolgreichste Gruppe dar.

Die nächste große Aufgabe, die der Paläontologe zu bewältigen hat, ist die richtige Einordnung seines neuen Fundes in den „Familienstammbaum" der Dinosaurier.

Es gibt bestimmte Charakteristika, die eine Sorte von Dinosauriern von anderen unterscheidet, und es gibt andere Charakteristika, die mehrere Arten und Gattungen miteinander gemein haben. Solche typischen Merkmale müssen schon recht ausgeprägt sein, sie müssen sich grundsätzlich auf den Bau und die Lebensweise der Tiere auswirken, es dürfen keine zufälligen äußeren Übereinstimmungen sein. Diese Merkmale hängen mit den Knochen, dem Knochenbau und den Zähnen zusammen. Um einen Dinosaurier zu klassifizieren, geht man eine Art Checkliste durch, nach dem Motto: „Hat er ...". Je mehr Fragen man beantworten kann, desto genauer wird die Zuordnung.

Nehmen wir als Beispiel den 1983 in Surrey in England von William J. Walker entdeckten Dinosaurier. Die erste Frage lautete: „Hat er ein Becken wie eine Eidechse oder wie ein Vogel?" Vogelbecken-Dinosaurier (die trotz des Namens nicht mit den Vögeln verwandt sind) gehören zur Ordnung der Ornithischia und sind – soweit wir heute wissen – alle Pflanzenfresser. Echsenbecken-Dinosaurier werden in der Ordnung Saurischia zusammengefaßt, unter ihnen gibt es Fleisch- und Pflanzenfresser. Die beiden unterschiedlichen Gruppen sind an ihren Zähnen zu unterscheiden.

Unser Exemplar aus England gehörte zu dieser zweiten Gruppe. An seinen Zähnen konnte man erkennen, daß es zur Unterordnung der Theropoden (Fleischfresser) gehört. Wie einem Artikel aus der Zeitschrift *Nature* zu entnehmen ist (siehe Abbildung Seite 113), handelte es sich um „einen großen Theropoden, der in mancherlei Hinsicht *Allosaurus* ähnelt, in anderen Aspekten aber soweit abweicht, daß seine Einordnung in eine eigene Familie, Gattung und Art gerechtfertigt ist." Diese weitere Einordnung sah dann so aus: Familie: Baryonychide; Gattung: *Baryonyx* („schwere Kralle"); Art: *Baryonyx walkeri* – das heißt, die Art wurde nach dem Entdecker des Skeletts benannt.

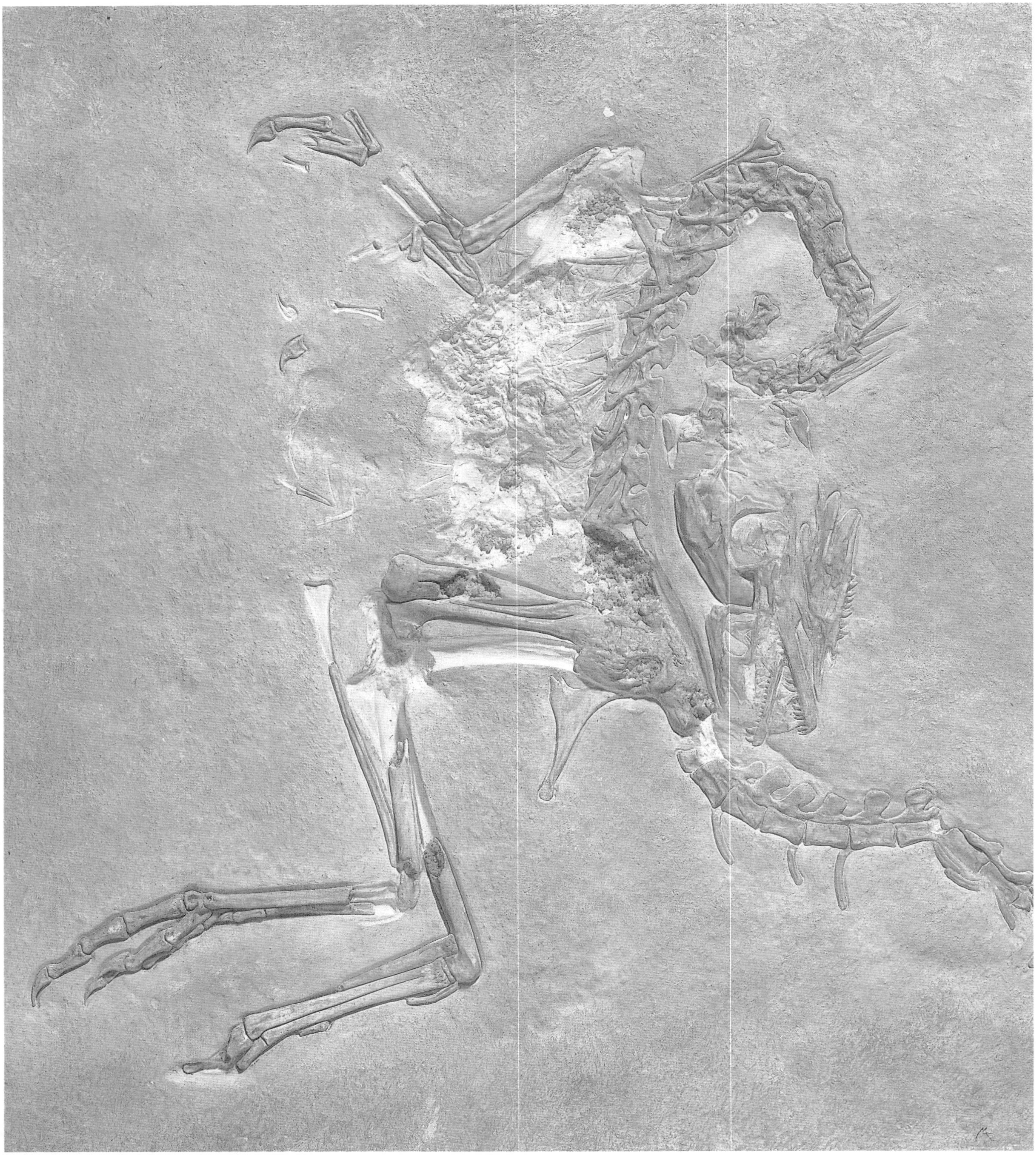

Name	Bedeutung
Tyrannosaurus rex	König der Tyrannenechsen
Scelidosaurus harrisoni	Harrisons Gliederechse
Compsognathus longipes	Langfüßiger Schönmund
Iguanodon bernissartensis	Leguanzahn aus Bernissart
Iguanodon mantelli	Mantells Leguanzahn

Die wissenschaftlichen, entweder lateinischen oder griechischen Namen der Dinosaurier bestehen, wie die aller Tiere und Pflanzen, aus zwei Teilen, der erste bezeichnet die Gattung, der zweite spezifiziert und benennt die Art innerhalb der Gattung. Manchmal ist nur eine Art bekannt. Der Gattungsname wird so gewählt, daß er etwas charakteristisches über das Tier aussagt, der Artname bezeichnet oft den Fundort oder den Entdecker.

Hier also hatte es sich um ein Exemplar gehandelt, das keiner bereits bekannten Familie der Theropoden wie etwa den Megalosauriden oder Tyrannosauriden zugeordnet werden konnte, und zwar hauptsächlich wegen der Form der Kiefer und der Art und Zahl der Zähne. Eine solche Neueinordnung kann sehr schwierig sein, und selbst wenn ein Tier benannt und eingeordnet ist, wird immer noch weiter geprüft und diskutiert, und manchmal werden alle scheinbar gesicherten Erkenntnisse wieder über den Haufen geworfen.

Die Benennung des Dinosauriers und die Veröffentlichung der Beschreibung sind die letzten Aufgaben des Paläontologen. Es handelt sich dabei um einen reichlich trockenen, formalen Vorgang, bei dem jeder einzelne Knochen anhand eines strikt vorgegebenen Schemas beschrieben werden muß. Ein Expertengremium liest die Abhandlung – und gibt seinen Segen –, ehe sie in einer Fachzeitschrift publiziert wird. Es sieht so aus, als wäre das eine Menge unnötiger Extraarbeit, aber die schematisierte Darstellung ist eine Hilfe für andere Paläontologen, die auf diese Weise die neue Entdeckung in jeder Einzelheit nachvollziehen und vielleicht mit dem Forschungsvorhaben vergleichen können, woran sie selbst gerade arbeiten.

NATURE VOL. 324 27 NOVEMBER 1986

Baryonyx, a remarkable new theropod dinosaur

Alan J. Charig & Angela C. Milner

Department of Palaeontology, British Museum (Natural History), Cromwell Road, London SW7 5BD, UK

An extremely large claw bone, some 30 cm long, was found in Wealden (Lower Cretaceous) deposits in a Surrey claypit in January 1983. This led to the discovery the following month of the well-preserved skeleton of a new large theropod dinosaur. Only one other theropod specimen comprising more than a few bones had ever been found in Britain, and that discovery was more than a century ago. Indeed, no large theropod, reasonably complete, had previously been discovered in Lower Cretaceous rocks anywhere in the world. Our study so far suggests that the Surrey dinosaur was a typical large theropod in certain respects, resembling, for example *Allosaurus*[1]. In several other respects, however, it differs sufficiently from all known dinosaurs to merit designation as the representative of a new species, genus and family.

Family **Baryonychidae** nov.

Diagnosis. As for genus *Baryonyx*, below.

Genus *Baryonyx* nov.

Derivation of name. Gk, *βᾰρύ*, heavy, strong; *"ονυξ*, talon, claw.

Type-species. *B. walkeri* nov.

Diagnosis. As for species *B. walkeri*, below.

Species *Baryonyx walkeri* nov.

Derivation of name. For Mr William J. Walker, who found the first indication of the skeleton, namely the large claw bone (ungual phalanx).

Holotype. B.M.(N.H.) Palaeo. Dept. R. 9951.

1983 hatte William Walker die Kralle eines Dinosauriers gefunden. Im November 1986 veröffentlichten die Paläontologen des Natural History Museum, London, in der Wissenschaftszeitschrift *Nature* die Ergebnisse ihrer intensiven Arbeit an diesem Fund. Das Tier bekam den Namen *Baryonyx walkeri*. Es ist der erste Vertreter einer bis dahin unbekannten Gattung und Art.

Oft gibt es ja nur wenige Skelette einer Art; von *Tyrannosaurus* beispielsweise hat man bisher nur ein knappes Dutzend gefunden und selbst davon ließen sich nur zwei einigermaßen vollständig rekonstruieren! Es ist also von sehr großer Bedeutung für die Paläontologen, daß sie sich über alle Funde und neuen Erkenntnisse innerhalb ihres Forschungsbereichs detailliert informieren können.

DIE BELEBUNG DER DINOSAURIER

Um von einem Dinosaurier ein lebensechtes Modell zu bauen, braucht es wiederum besondere Fähigkeiten. Die meisten in den Museen ausgestellten Skelette sind Kopien der Originale. Mit Hilfe schwerer Metallrahmen kann man zwar die echten Fossilien aufstellen, aber ihr enormes Gewicht bei gleichzeitiger Zerbrechlichkeit bedeutet ein mehrfaches Risiko. Nachbildungen können dagegen aus sehr viel leichteren Materialien hergestellt werden, das Stützwerk kann entsprechend aus dünneren Metallstangen bestehen, ja die Stützstreben können manchmal sogar einfach im Innern der nachgebildeten Knochen versteckt werden.

Es gibt weltweit nur ein paar Dutzend Leute, die Dinosauriermodelle herstellen können. Sie arbeiten eng mit den Paläontologen zusammen, denn es gibt bei einer wissenschaftlich exakten Nachbildung viel zu beachten, was nur der Fachmann wissen kann.

Die fossilen Krallen, beispielsweise, bestehen nur aus dem inneren Knochenkern, die Hornmasse ist zerfallen; die eigentliche Kralle muß also um etwa ein Drittel größer modelliert werden. Zur Nachbildung der Haut orientiert man sich an heute lebenden

(Abbildung Seite 113) Zwischen den Rippen dieses *Compsognathus* aus dem Solnhofener Kalkstein fand man die winzigen Knöchelchen einer Eidechse, *Bavarisaurus*, die wohl seine letzte Mahlzeit gewesen war.

(Abbildung Seite 114/115) Das Schaubild zeigt einige der typischen Merkmale, anhand derer die Paläontologen einen Dinosaurier klassifizieren, indem sie nacheinander abfragen, ob er dieses oder jenes Merkmal aufweist oder nicht

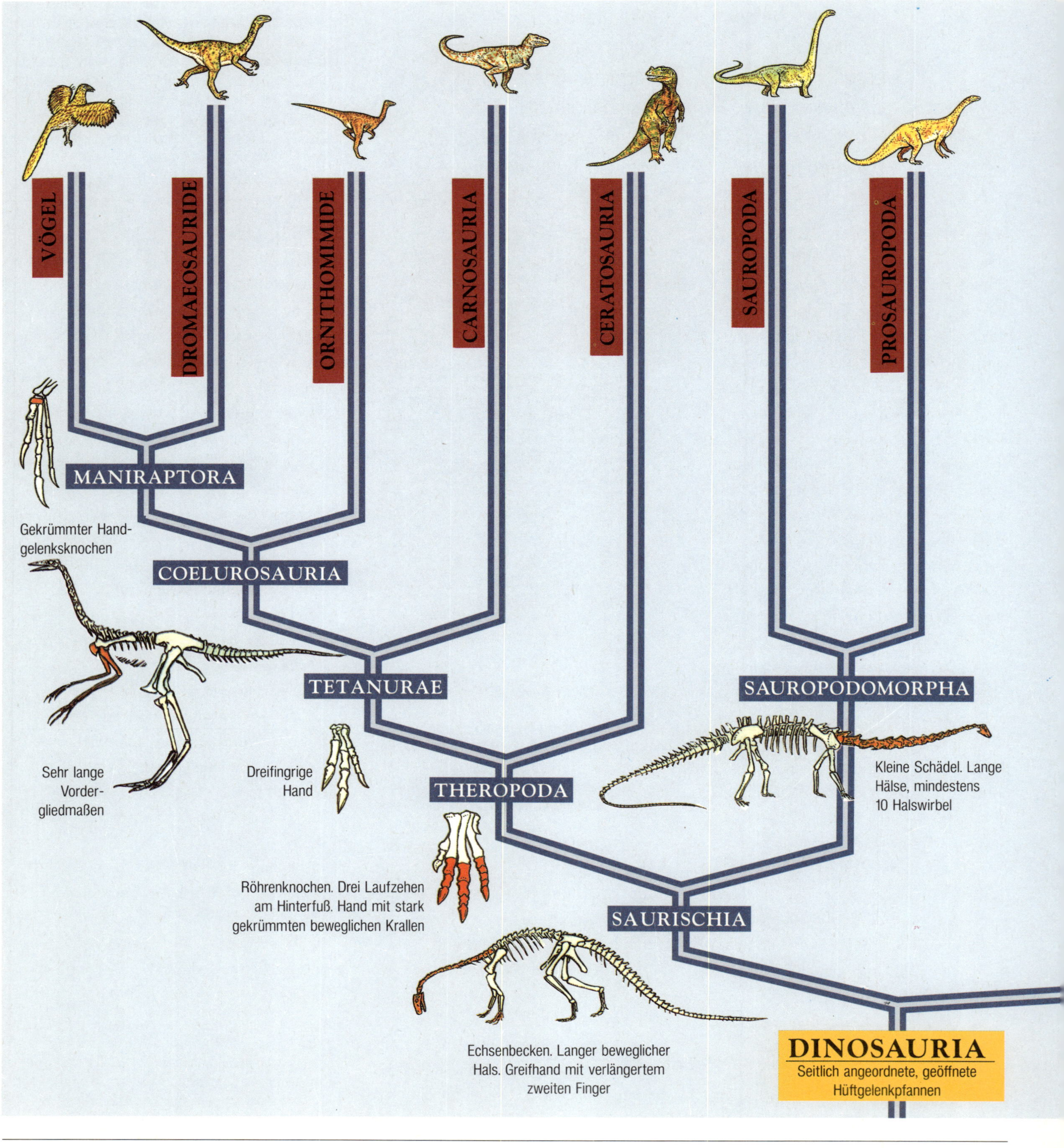
VÖGEL
DROMAEOSAURIDE
ORNITHOMIMIDE
CARNOSAURIA
CERATOSAURIA
SAUROPODA
PROSAUROPODA
MANIRAPTORA
Gekrümmter Handgelenksknochen
COELUROSAURIA
TETANURAE
SAUROPODOMORPHA
Sehr lange Vordergliedmaßen
Dreifingrige Hand
THEROPODA
Kleine Schädel. Lange Hälse, mindestens 10 Halswirbel
Röhrenknochen. Drei Laufzehen am Hinterfuß. Hand mit stark gekrümmten beweglichen Krallen
SAURISCHIA
Echsenbecken. Langer beweglicher Hals. Greifhand mit verlängertem zweiten Finger
DINOSAURIA
Seitlich angeordnete, geöffnete Hüftgelenkpfannen

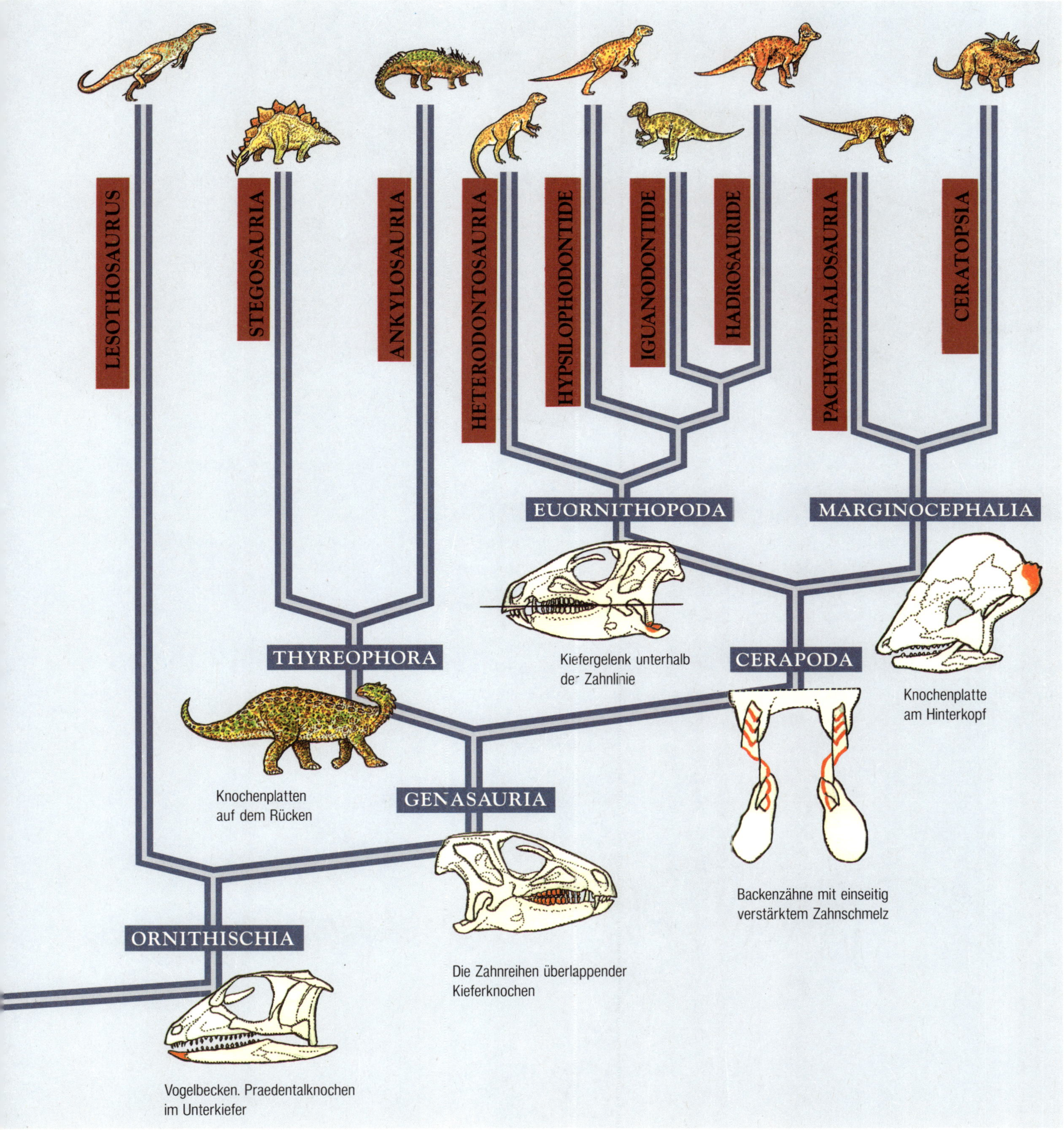
LESOTHOSAURUS
STEGOSAURIA
ANKYLOSAURIA
HETERODONTOSAURIA
HYPSILOPHODONTIDE
IGUANODONTIDE
HADROSAURIDE
PACHYCEPHALOSAURIA
CERATOPSIA
EUORNITHOPODA
MARGINOCEPHALIA
THYREOPHORA
CERAPODA
Kiefergelenk unterhalb der Zahnlinie
Knochenplatte am Hinterkopf
Knochenplatten auf dem Rücken
GENASAURIA
Backenzähne mit einseitig verstärktem Zahnschmelz
ORNITHISCHIA
Die Zahnreihen überlappender Kieferknochen
Vogelbecken. Praedentalknochen im Unterkiefer

Das rekonstruierte Skelett des *Baryonyx* in der Haltung, in der es in der Lehmgrube in Surrey gefunden wurde.

Reptilien, freilich gilt das nur für die Struktur, über die Farbe weiß man ja nichts. Gerade solche Details sind deshalb am schwierigsten zu entscheiden. Welche Farbe soll man dem Tier geben? Soll das Maul offen oder geschlossen sein? Wie soll man die Pupillen gestalten, sollen sie rund oder geschlitzt sein?

Soll das Modell darüber hinaus noch in einer Szenerie stehen, muß natürlich auch die Landschaft mit den entsprechenden Pflanzen richtig gestaltet, das heißt möglichst naturgetreu nachgebildet werden.

Obwohl es viel Zeit kostet, solche Modelle zu bauen, ist es doch eine sehr befriedigende Arbeit, denn hier können die Paläontologen all die Mühe, die sie auf die anderen Bereiche verwendet haben, sinnvoll und praktisch umsetzen.

Mit Hilfe des vorher gesammelten Wissens gelingt es ihnen, eine Szene aus dem Erdmittelalter wiederzubeleben und uns die seltsamen Geschöpfe dieser so lange schon zurückliegenden Epoche bildhaft und lebensnah vor Augen zu führen.

Noch einmal nehmen sie so Gestalt an, die behäbigen Pflanzenfresser, die riesigen Jäger und die zierlichen Rudeltiere, die so lange vor unserem Erscheinen auf diesem Planeten im Nebel der Urzeit verschwanden.

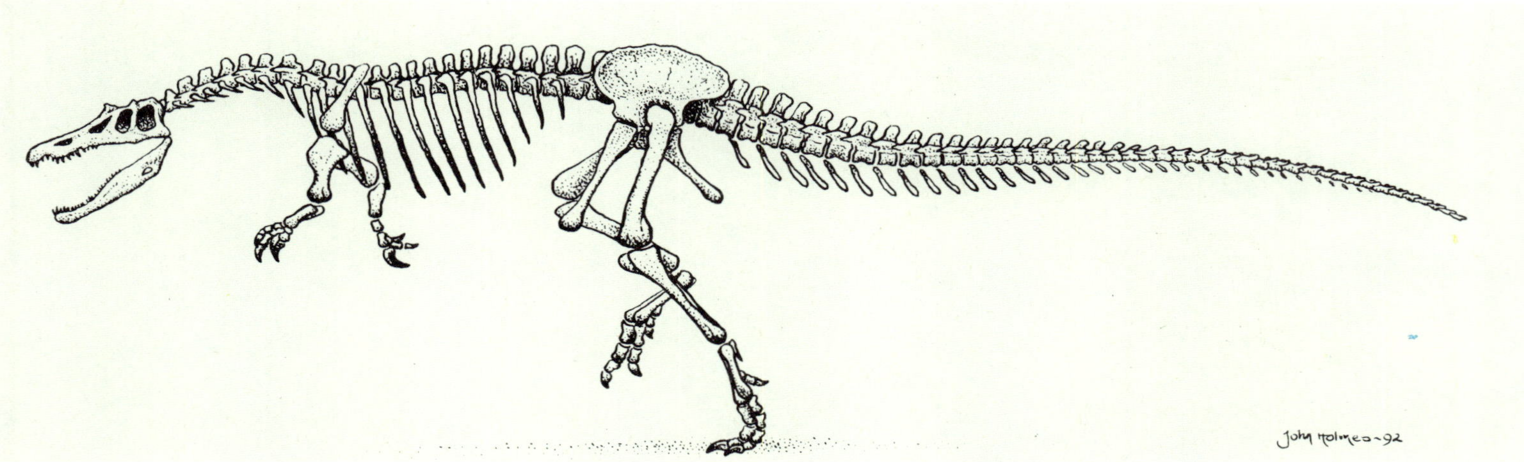

Nachdem das Skelett rekonstruiert war *(Abbildung Seite 116 unten)*, wurde es mit Muskeln versehen *(unten)*. Schließlich wurde es mit Haut überzogen *(rechts)*, um dem Betrachter eine Vorstellung davon zu geben, wie das Tier ausgesehen haben könnte. Textur und Farbe der Haut sind freilich reine Mutmaßung.

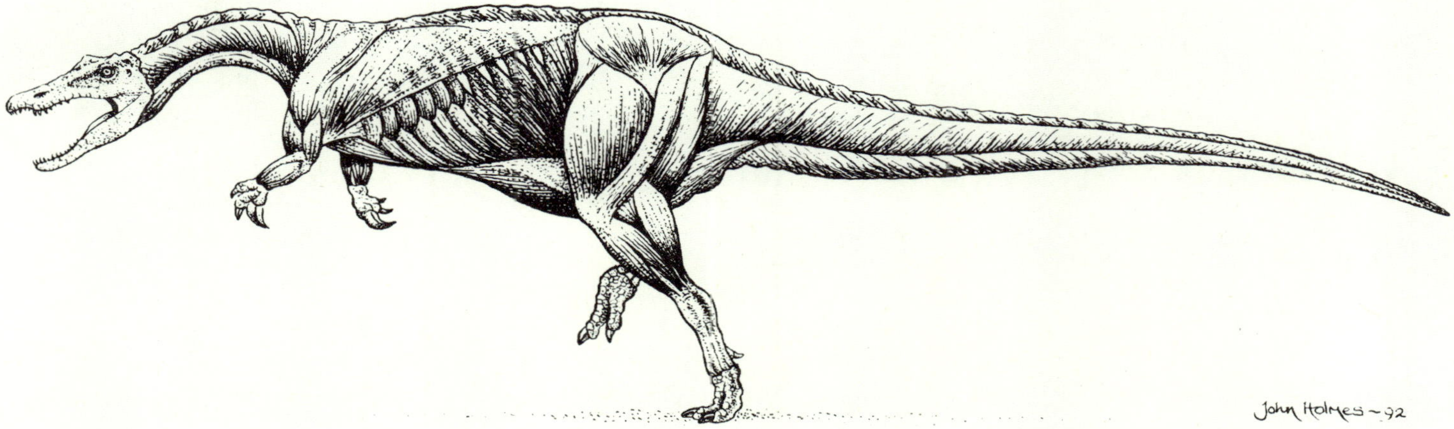

DINOSAURIER-DATEN

Hier finden sich alphabetisch geordnet und zum Vergleich die Dinosaurier und ein paar andere im Buch erwähnte Tiere. Dieser Anhang informiert darüber, zu welcher Gruppe die einzelnen Dinosaurier gehören, wann sie lebten, wo man Skelette fand und wie groß sie waren. Wo für das Alter eine Zeitspanne angegeben ist (lebte vor: 155 bis 145 Millionen Jahren), heißt das, die Tiere lebten irgendwann in diesem Zeitraum, aber nicht während der gesamten Spanne. Die Illustrationen sind nicht maßstabsgerecht.

** Zuordnung ungewiß*

Apatosaurus

Albertosaurus

ORDNUNG	Saurischia
ZWISCHENORDNUNG	Carnosauria
LEBTE VOR	76–74 Mill. Jahren
PERIODE	Späte Kreide
FUNDORT	Kanada
LÄNGE	bis zu 9 m

Allosaurus

ORDNUNG	Saurischia
ZWISCHENORDNUNG	Carnosauria
LEBTE VOR	150–135 Mill. Jahren
PERIODE	Später Jura
FUNDORT	USA
LÄNGE	bis zu 15 m

Anchisaurus

ORDNUNG	Saurischia
ZWISCHENORDNUNG	Prosauropoda
LEBTE VOR	200–190 Mill. Jahren
PERIODE	Späte Trias
FUNDORT	USA
LÄNGE	bis zu 2 m

Apatosaurus

ORDNUNG	Saurischia
ZWISCHENORDNUNG	Sauropoda
LEBTE VOR	154–145 Mill. Jahren
PERIODE	Später Jura
FUNDORT	USA
LÄNGE	bis zu 21 m

Archaeopteryx (kein Dinosaurier)

ORDNUNG	Saurischia
UNTERORDNUNG	Aviales
LEBTE VOR	147 Mill. Jahren
PERIODE	Später Jura
FUNDORT	Deutschland
LÄNGE	bis zu 45 cm

Avimimus

ORDNUNG	Saurischia
UNTERORDNUNG	Theropoda*
LEBTE VOR	rund 75 Mill. Jahren
PERIODE	Späte Kreide
FUNDORT	Mongolei
LÄNGE	bis zu 1,5 m

Barosaurus

ORDNUNG	Saurischia
ZWISCHENORDNUNG	Sauropoda
LEBTE VOR	155–145 Mill. Jahren
PERIODE	Später Jura
FUNDORT	USA
LÄNGE	bis zu 24 m

Baryonyx

ORDNUNG	Saurischia
UNTERORDNUNG	Theropoda*
LEBTE VOR	rund 124 Mill. Jahren
PERIODE	Frühe Kreide
FUNDORT	England
LÄNGE	bis zu 10,5 m

Brachiosaurus

ORDNUNG	Saurischia
ZWISCHENORDNUNG	Sauropoda
LEBTE VOR	155–140 Mill. Jahren
PERIODE	Später Jura
FUNDORT	Tansania; USA
LÄNGE	bis zu 23 m

Camarasaurus

Camarasaurus

ORDNUNG	Saurischia
ZWISCHENORDNUNG	Sauropoda
LEBTE VOR	155–145 Mill. Jahren
PERIODE	Später Jura
FUNDORT	USA
LÄNGE	bis zu 20 m

Camptosaurus

ORDNUNG	Ornithischia
UNTERORDNUNG	Ornithopoda
LEBTE VOR	155–145 Mill. Jahren
PERIODE	Später Jura
FUNDORT	USA
LÄNGE	bis zu 5 m

Centrosaurus

Centrosaurus

ORDNUNG	Ornithischia
UNTERORDNUNG	Ceratopsia
LEBTE VOR	76–74 Mill. Jahren
PERIODE	Späte Kreide
FUNDORT	Kanada
LÄNGE	bis zu 5 m

Chasmosaurus

ORDNUNG	Ornithischia
UNTERORDNUNG	Ceratopsia
LEBTE VOR	76–74 Mill. Jahren
PERIODE	Späte Kreide
FUNDORT	Kanada
LÄNGE	bis zu 5 m

Coelophysis

ORDNUNG	Saurischia
ZWISCHENORDNUNG	Coelurosauria
LEBTE VOR	225–220 Mill. Jahren
PERIODE	Späte Trias
FUNDORT	USA
LÄNGE	bis zu 3 m

Coelurus

ORDNUNG	Saurischia
ZWISCHENORDNUNG	Coelurosauria
LEBTE VOR	155–145 Mill. Jahren
PERIODE	Später Jura
FUNDORT	USA
LÄNGE	bis zu 2,5 m

Compsognathus

ORDNUNG	Saurischia
ZWISCHENORDNUNG	Coelurosauria
LEBTE VOR	147 Mill. Jahren
PERIODE	Später Jura
FUNDORT	Deutschland
LÄNGE	65 cm

Corythosaurus

ORDNUNG	Ornithischia
UNTERORDNUNG	Ornithopoda
LEBTE VOR	76–74 Mill. Jahren
PERIODE	Späte Kreide
FUNDORT	Kanada; USA
Länge	bis zu 10 m

Craspedodon

ORDNUNG	Ornithischia
UNTERORDNUNG	Ornithopoda
LEBTE VOR	86–83 Mill. Jahren
PERIODE	Späte Kreide
FUNDORT	Belgien
LÄNGE	unbekannt

Dacentrurus

ORDNUNG	Ornithischia
UNTERORDNUNG	Stegosauria
LEBTE VOR	157–152 Mill. Jahren
PERIODE	Später Jura
FUNDORT	Frankr.; Engl.; Portugal
LÄNGE	evtl. bis zu 6 m

Deinocheirus

ORDNUNG	Saurischia
ZWISCHENORDNUNG	Ornithomimosauria*
LEBTE VOR	70–65 Mill. Jahren
PERIODE	Späte Kreide
FUNDORT	Mongolei
LÄNGE	unbekannt; Arme 3 m lang

Deinonychus

ORDNUNG	Saurischia
ZWISCHENORDNUNG	Dromaeosauria
LEBTE VOR	110 Mill. Jahren
PERIODE	Frühe Kreide
FUNDORT	USA
LÄNGE	bis zu 3,3 m

Diplodocus

ORDNUNG	Saurischia
ZWISCHENORDNUNG	Sauropoda
LEBTE VOR	155–145 Mill. Jahren
PERIODE	Später Jura
FUNDORT	USA
LÄNGE	bis zu 27 m

Dromaeosaurus

ORDNUNG	Saurischia
ZWISCHENORDNUNG	Dromaeosauria
LEBTE VOR	76–74 Mill. Jahren
PERIODE	Späte Kreide
FUNDORT	Kanada
LÄNGE	bis zu 1,8 m

Dryosaurus

ORDNUNG	Ornithischia
UNTERORDNUNG	Ornithopoda
LEBTE VOR	155–140 Mill. Jahren
PERIODE	Später Jura
FUNDORT	Tansania; USA
LÄNGE	bis zu 4 m

Edmontosaurus

Dryptosaurus

ORDNUNG	Saurischia
ZWISCHENORDNUNG	Carnosauria
LEBTE VOR	74–65 Mill. Jahren
PERIODE	Späte Kreide
FUNDORT	USA
LÄNGE	evtl. bis zu 5 m

Edmontonia

ORDNUNG	Ornithischia
UNTERORDNUNG	Ankylosauria
LEBTE VOR	76–74 Mill. Jahren
PERIODE	Späte Kreide
FUNDORT	Kanada
LÄNGE	bis zu 4 m

Euoplocephalus

Edmontosaurus

ORDNUNG	Ornithischia
UNTERORDNUNG	Ornithopoda
LEBTE VOR	76–65 Mill. Jahren
PERIODE	Späte Kreide
FUNDORT	Kanada
LÄNGE	bis zu 13 m

Elasmosaurus (kein Dinosaurier)

ORDNUNG	Plesiosauria
LEBTE VOR	70–65 Mill. Jahren
PERIODE	Späte Kreide
FUNDORT	USA
LÄNGE	bis zu 12 m

Euoplocephalus

ORDNUNG	Ornithischia
UNTERORDNUNG	Ankylosauria
LEBTE VOR	rund 71 Mill. Jahren
PERIODE	Späte Kreide
FUNDORT	Kanada
LÄNGE	bis zu 6 m

Euparkeria (kein Dinosaurier)

ORDNUNG	Archosauria
LEBTE VOR	245–241 Mill. Jahren
PERIODE	Frühe Trias
FUNDORT	Südafrika
LÄNGE	etwa 1 m

Gallimimus

ORDNUNG	Saurischia
ZWISCHENORDNUNG	Ornithomimosauria
LEBTE VOR	74–70 Mill. Jahren
PERIODE	Späte Kreide
Fundort	Mongolei
LÄNGE	bis zu 5,6 m

Gilmoreosaurus

ORDNUNG	Ornithischia
UNTERORDNUNG	Ornithopoda
LEBTE VOR	80–70 Mill. Jahren
PERIODE	Späte Kreide
FUNDORT	China
LÄNGE	evtl. bis zu 6 m

Hadrosaurus

ORDNUNG	Ornithischia
UNTERORDNUNG	Ornithopoda
LEBTE VOR	83–74 Mill. Jahren
PERIODE	Späte Kreide
FUNDORT	USA
LÄNGE	bis zu 8 m

Hypsilophodon

Herrerasaurus

ORDNUNG	Saurischia*
LEBTE VOR	230–225 Mill. Jahren
PERIODE	Späte Trias
FUNDORT	Argentinien
LÄNGE	bis zu 3 m

Iguanodon

Hylaeosaurus

ORDNUNG	Ornithischia
UNTERORDNUNG	Ankylosauria
LEBTE VOR	150–135 Mill. Jahren
PERIODE	Frühe Kreide
FUNDORT	England
LÄNGE	bis zu 4 m

Hypsilophodon

ORDNUNG	Ornithischia
UNTERORDNUNG	Ornithopoda
LEBTE VOR	rund 125 Mill. Jahren
PERIODE	Frühe Kreide
FUNDORT	England
LÄNGE	bis zu 2,3 m

Iguanodon

ORDNUNG	Ornithischia
UNTERORDNUNG	Ornithopoda
LEBTE VOR	130–115 Mill. Jahren
PERIODE	Frühe Kreide
FUNDORT	USA; Westeuropa
LÄNGE	bis zu 10 m

Kentrosaurus

ORDNUNG	Ornithischia
UNTERORDNUNG	Stegosauria
LEBTE VOR	rund 140 Mill. Jahren
PERIODE	Später Jura
FUNDORT	Tansania
LÄNGE	bis zu 3 m

Kritosaurus

ORDNUNG	Ornithischia
UNTERORDNUNG	Ornithopoda
LEBTE VOR	80–75 Mill. Jahren

PERIODE	Späte Kreide
FUNDORT	USA
LÄNGE	bis zu 8 m

Lagosuchus (kein Dinosaurier)

ORDNUNG	Dinosauromorpha
LEBTE VOR	241–235 Mill. Jahren
PERIODE	Mittlere Trias
FUNDORT	Argentinien
LÄNGE	etwa 30 cm

Lambeosaurus

ORDNUNG	Ornithischia
UNTERORDNUNG	Ornithopoda
LEBTE VOR	76–74 Mill. Jahren
PERIODE	Späte Kreide
FUNDORT	Kanada
LÄNGE	bis zu 9 m

Maiasaurus

ORDNUNG	Ornithischia
UNTERORDNUNG	Ornithopoda
LEBTE VOR	80–75 Mill. Jahren
PERIODE	Späte Kreide
FUNDORT	USA
LÄNGE	bis zu 9 m

Mamenchisaurus

ORDNUNG	Saurischia
ZWISCHENORDNUNG	Sauropoda
LEBTE VOR	155–145 Mill. Jahren
PERIODE	Später Jura
FUNDORT	China
LÄNGE	bis zu 22 m

Massospondylus

ORDNUNG	Saurischia
ZWISCHENORDNUNG	Prosauropoda
LEBTE VOR	208–204 Mill. Jahren
PERIODE	Früher Jura
FUNDORT	Südafrika
LÄNGE	bis zu 4 m

Megalosaurus

ORDNUNG	Saurischia
ZWISCHENORDNUNG	Carnosauria
LEBTE VOR	170–155 Mill. Jahren
PERIODE	Jura
FUNDORT	England; Tansania
LÄNGE	bis zu 9 m

Ornitholestes

ORDNUNG	Saurischia
ZWISCHENORDNUNG	Coelurosauria
LEBTE VOR	155–145 Mill. Jahren
PERIODE	Später Jura
FUNDORT	USA
LÄNGE	bis zu 2 m

Ouranosaurus

Ornithopsis

ORDNUNG	Saurischia
ZWISCHENORDNUNG	Sauropoda
LEBTE VOR	rund 125 Mill. Jahren
PERIODE	Frühe Kreide
FUNDORT	England
LÄNGE	evtl. bis zu 20 m

Orodromeus

ORDNUNG	Ornithischia
ZWISCHENORDNUNG	Ornithopoda
LEBTE VOR	rund 74 Mill. Jahren
PERIODE	Späte Kreide
FUNDORT	USA
LÄNGE	bis zu 2 m

Ouranosaurus

ORDNUNG	Ornithischia
ZWISCHENORDNUNG	Ornithopoda
LEBTE VOR	rund 115 Mill. Jahren
PERIODE	Frühe Kreide
FUNDORT	Nigeria
LÄNGE	bis zu 7 m

Oviraptor

ORDNUNG	Saurischia
ZWISCHENORDNUNG	Oviraptorosauria
LEBTE VOR	85–75 Mill. Jahren
PERIODE	Späte Kreide
FUNDORT	Mongolei
LÄNGE	bis zu 1,8 m

Pachycephalosaurus

ORDNUNG	Ornithischia
ZWISCHENORDNUNG	Pachycephalosauria
LEBTE VOR	rund 67 Mill. Jahren
PERIODE	Späte Kreide
FUNDORT	USA
LÄNGE	bis zu 8 m

Pachyrhinosaurus

ORDNUNG	Ornithischia
UNTERORDNUNG	Ceratopsia
LEBTE VOR	76–74 Mill. Jahren

Parasaurolophus

PERIODE	Späte Kreide
FUNDORT	Kanada; USA
LÄNGE	bis zu 6 m

Scelidosaurus

Parasaurolophus

ORDNUNG	Ornithischia
UNTERORDNUNG	Ornithopoda
LEBTE VOR	76–74 Mill. Jahren
PERIODE	Späte Kreide
FUNDORT	Kanada; USA
LÄNGE	bis zu 10 m

Parkosaurus

ORDNUNG	Ornithischia
UNTERORDNUNG	Ornithopoda
LEBTE VOR	76–74 Mill. Jahren
PERIODE	Späte Kreide
FUNDORT	Kanada
LÄNGE	bis zu 3 m

Pelorosaurus

ORDNUNG	Saurischia
ZWISCHENORDNUNG	Sauropoda
LEBTE VOR	rund 150 Mill. Jahren
PERIODE	Später Jura
FUNDORT	England
LÄNGE	evtl. 20–25 m

Plateosaurus

ORDNUNG	Saurischia
ZWISCHEN-ORDNUNG	Prosauropoda
LEBTE VOR	rund 210 Mill. Jahren
PERIODE	Späte Trias
FUNDORT	Westeuropa
LÄNGE	bis zu 7 m

Psittacosaurus

Protoceratops

ORDNUNG	Ornithischia
UNTERORDNUNG	Ceratopsia
LEBTE VOR	85–80 Mill. Jahren
PERIODE	Späte Kreide
FUNDORT	Mongolei
LÄNGE	bis zu 1,8 m

Psittacosaurus

ORDNUNG	Ornithischia
UNTERORDNUNG	Ceratopsia
LEBTE VOR	124–97 Mill. Jahren
PERIODE	Späte Kreide
FUNDORT	Asien
LÄNGE	bis zu 1,8 m

Quetzalcoatlus (kein Dinosaurier)

ORDNUNG	Pterosauria
LEBTE VOR	67–65 Mill. Jahren
PERIODE	Späte Kreide
FUNDORT	USA
LÄNGE	Flügelspanne bis zu 11 m

Rhabdodon

ORDNUNG	Ornithischia
UNTERORDNUNG	Ornithopoda
LEBTE VOR	83–70 Mill. Jahren
PERIODE	Späte Kreide
FUNDORT	Österreich; Frankreich; Spanien; Rumänien
LÄNGE	bis zu 3 m

Rioarribasaurus (siehe Coelophysis)

Saurolophus

ORDNUNG	Ornithischia
UNTERORDNUNG	Ornithopoda
LEBTE VOR	74–70 Mill. Jahren
PERIODE	Späte Kreide
FUNDORT	Kanada; Mongolei
LÄNGE	bis zu 12 m

Saurornithoides

ORDNUNG	Saurischia
ZWISCHENORDNUNG	Dromaeosauria
LEBTE VOR	80–74 Mill. Jahren
PERIODE	Späte Kreide
FUNDORT	Kanada
LÄNGE	bis zu 2 m

Scartopus

ORDNUNG	Saurischia
ZWISCHENORDNUNG	Coelurosauria
LEBTE VOR	rund 95 Mill. Jahren
PERIODE	Späte Kreide
FUNDORT	Australien
LÄNGE	unbekannt

Stegosaurus

Scelidosaurus

ORDNUNG	Ornithischia
ZWISCHENORDNUNG	Thyreophora
LEBTE VOR	203–194 Mill. Jahren
PERIODE	Früher Jura
FUNDORT	England
LÄNGE	bis zu 4 m

Segnosaurus

ORDNUNG	Saurischia*
LEBTE VOR	97–88 Mill. Jahren
PERIODE	Späte Kreide
FUNDORT	Mongolei
LÄNGE	bis zu 4 m

Styracosaurus

Stegosaurus

ORDNUNG	Ornithischia
UNTERORDNUNG	Stegosauria
LEBTE VOR	155–145 Mill. Jahren
PERIODE	Später Jura
FUNDORT	USA
LÄNGE	bis zu 9 m

Struthiosaurus

ORDNUNG	Ornithischia
UNTERORDNUNG	Ankylosauria
LEBTE VOR	83–75 Mill. Jahren
PERIODE	Späte Kreide
FUNDORT	Österreich; Rumänien
LÄNGE	bis zu 2 m

Styracosaurus

ORDNUNG	Ornithischia
UNTERORDNUNG	Ceratopsia
LEBTE VOR	85–80 Mill. Jahren
PERIODE	Späte Kreide
FUNDORT	Kanada; USA
LÄNGE	bis zu 5,5 m

Tyrannosaurus

Tenontosaurus

ORDNUNG	Ornithischia
UNTERORDNUNG	Ornithopoda
LEBTE VOR	110 Mill. Jahren
PERIODE	Frühe Kreide
FUNDORT	USA
LÄNGE	bis zu 6,5 m

Triceratops

ORDNUNG	Ornithischia
UNTERORDNUNG	Ceratopsia
LEBTE VOR	67–65 Mill. Jahren
PERIODE	Späte Kreide
FUNDORT	USA
LÄNGE	bis zu 9 m

Troodon

ORDNUNG	Saurischia
ZWISCHENORDNUNG	Dromaeosauria
LEBTE VOR	75–70 Mill. Jahren
PERIODE	Späte Kreide
FUNDORT	Kanada; USA
LÄNGE	bis zu 2,4 m

Tuojiangosaurus

ORDNUNG	Ornithischia
UNTERORDNUNG	Stegosauria
LEBTE VOR	157–154 Mill. Jahren
PERIODE	Später Jura
FUNDORT	China
LÄNGE	bis zu 6,5 m

Tyrannosaurus

ORDNUNG	Saurischia
ZWISCHENORDNUNG	Carnosauria
LEBTE VOR	67–65 Mill. Jahren
PERIODE	Späte Kreide
FUNDORT	USA
LÄNGE	bis zu 12 m

Velociraptor

ORDNUNG	Saurischia
ZWISCHENORDNUNG	Dromaeosauria
LEBTE VOR	84–80 Mill. Jahren
PERIODE	Späte Kreide
FUNDORT	China; Mongolei
LÄNGE	bis zu 1,8 m

BEGRIFFSERLÄUTERUNGEN

Ammoniten – zusammen mit den Dinosauriern ausgestorbene, sehr formenreiche (5000 Arten) Gruppe der Weichtiere (Mollusken, Kopffüßler) mit spiralförmigen Kalkschalen

Amphibien – (Lurche) → ektotherme Wirbeltiere mit nackter, schleimiger Haut, die nur in feuchter Umgebung leben können. Die Entwicklung der Jungtiere erfolgt im Wasser, die Jungen atmen wie Fische durch Kiemen. Sie machen dann eine Reihe von Verwandlungen durch, ehe sie als ausgewachsene Tiere an Land kommen. Amphibien waren im Devon, einem Abschnitt des → Paläozoikums die ersten Landtiere.

Angiospermen – bedecktsamige Blütenpflanzen mit Fruchtknoten

Ankylosauria – eine der Unterordnungen der Ordnung → Ornithischia; stark gepanzerte, vierbeinige Pflanzenfresser mit Schwanzkeule

Archaikum – (Erdurzeit) erstes Zeitalter der → Erdgeschichte, begann vor mehr als 4,5 Milliarden Jahren, dauerte 500 Millionen Jahre, in dieser Zeit gab es noch keine Lebewesen.

Archosaurier – Reptiliengruppe, zu der sowohl die ausgestorbenen Dinosaurier, → Pterosaurier und → Thecodonten gehörten als auch die heute lebenden Krokodile

Carnivoren – Fleischfresser

Carnosauria – (Raub-Dinosaurier) Zwischenordnung der Unterordnung → Theropoda; umfaßt große Fleischfresser mit schwerem Körperbau

Ceratopsia – (Hornbewehrte Dinosaurier) eine der Unterordnungen der Ordnung → Ornithischia; vierbeinige Pflanzenfresser mit Nackenschild und papageienähnlichen Schnäbeln

Ceratosauria – (Horn-Dinosaurier) Zwischenordnung der Unterordnung → Theropoda; umfaßt Fleischfresser, die Schädelauswüchse und Hörner trugen

Coelurosauria – (Hohlknochen-Dinosaurier) Zwischenordnung der Unterordnung → Theropoda; umfaßt kleine und mittelgroße Fleischfresser mit leichtem Körperbau

ektotherme Tiere – Tiere, die ihre Körperwärme nach der Außentemperatur regeln, laienhaft „Kaltblüter", richtiger wechselwarme Tiere genannt; zum Beispiel → Reptilien

endotherme Tiere – sogenannte Warmblüter, Tiere, die ihre Körperwärme durch Umwandlung von Nahrung in Energie produzieren; zum Beispiel → Säugetiere

Erdgeschichte – die Geologen unterteilen die Entwicklungsgeschichte der Erde in fünf Zeitalter: → Archaikum, → Präkambrium, → Paläozoikum, → Mesozoikum, → Känozoikum, die jeweils wieder in verschiedene Perioden unterteilt sind

Fauna – die Gesamtheit der in Klassen, Ordnungen, Familien, Gattungen und Arten zusammengefaßten Tierwelt

Femur – Oberschenkelknochen

Flora – die Gesamtheit der in Klassen, Ordnungen, Familien, Gattungen und Arten zusamengefaßten Pflanzenwelt, nicht zu verwechsenln mit → Vegetation

Ginkgo – ein mit den → Koniferen verwandter Nacktsamer. Entwickelte sich vor 240 Millionen Jahren in der Trias und ist mit der überlebenden Art Ginkgo biloba ein lebendes Fossil

Gymnospermen – nacktsamige Pflanzen ohne Fruchtknoten

Hadrosauride – Familie der Unterordnung → Ornithopoda; flachköpfige oder mit massiven Kopfkämmen versehene Entenschnabel-Dinosaurier wie zum Beispiel Edmontosaurus

Herbivoren – Pflanzenfresser

Ichthyosaurier – Meeresreptil des → Mesozoikums, im äußerlichen Erscheinungsbild dem heutigen Delphin ähnlich

Iridium – silberweißes, sehr seltenes, hartes, sprödes Edelmetall, Schmelzpunkt 2410° Celsius, Siedepunkt 4500° Celsius, stammt aus dem Magma des Erdinnern oder von Himmelskörpern, die auf die Erde stürzten

Känozoikum – (Erdneuzeit) fünftes Zeitalter der → Erdgeschichte, begann vor 65 Millionen Jahren, wird unterteilt in Tertiär und Quartär (in dem wir augenblicklich leben). Vögel und vor allem → Säugetiere setzten sich durch, vor etwa 18 Millionen Jahren begann die Entwicklung der Primaten; seit dem Ende der letzten Eiszeit vor 10 000 Jahren ist der Mensch das beherrschende Lebewesen der Erde.

Klassifizierung – Einteilung der Tiere und Pflanzen in immer enger gefaßte Gruppen. In der → Fauna unterscheidet man zunächst acht Kreise: Urtiere, Schwämme, Hohltiere, Würmer, Stachelhäuter, Weichtiere, Gliederfüßler, Wirbeltiere. Jeder Kreis untergliedert sich in Klassen. Für den Kreis der Wirbeltiere sind es fünf: Fische, → Amphibien, → Reptilien, Vögel, → Säugetiere. Die Klassen sind aufgeteilt in Ordnungen, die in Unter- und Zwischenordnungen aufgeteilt sein können. Die Ordnungen sind ihrerseits unterteilt in Familien, diese wieder in Gattungen und die zuletzt in Arten.

Koniferen – Nadelhölzer, Zapfen tragende Nacktsamer. Traten erstmals im Karbon, einem Abschnitt des → Paläozoikums auf und haben sich bis heute in Arten wie Fichten und Kiefern etc. gehalten

Mesozoikum – (Erdmittelalter) viertes Zeitalter der → Erdgeschichte, zerfällt in die Abschnitte Trias, Jura und Kreide, begann vor 248 Millionen Jahren, dauerte bis 65 Millionen Jahre vor unserer Zeit und ist das sogenannte Zeitalter der Dinosaurier.

Metatarsal – Mittelfußknochen

Ökosystem – die natürliche Einheit, die sämtliche tierischen und pflanzlichen Organismen miteinander und mit der unbelebten Natur bilden; ein durch Wechselwirkungen im Gleichgewicht gehaltenes System

Omnivoren – Allesfresser; Tiere, die sowohl pflanzliche wie auch tierische Nahrung zu sich nehmen

Ornithischia – (Vogelbecken-Dinosaurier) eine der beiden Ordnungen der Dinosaurier; ausschließlich Pflanzenfresser

Ornithopoda – (Vogelfuß-Dinosaurier) eine der Unterordnungen der Ordnung → Ornithischia; kleine bis mittelgroße, zumeist zweibeinige Pflanzenfresser mit Mahlzähnen

Pachycephalosauria – (Dickschädel-Dinosaurier) eine der Unterordnungen der Ordnung → Ornithischia; zweibeinige Pflanzenfresser mit extrem dickem Schädeldach

Paläozoikum – (Erdaltertum) drittes Zeitalter der → Erdgeschichte, begann vor etwa 600 Millionen Jahren. Unterteilt in Kambrium, Ordovizium, Silur, Devon, Karbon und Perm. Tiere mit äußerer Körperstütze entstanden im Kambrium, später Fische, → Amphibien, Landpflanzen, Insekten und im Karbon erste → Reptilien

Plesiosaurier – fischfressendes, vierflossiges Meeresreptil im → Mesozoikum

Praedentalknochen – schnabelförmiger Knochen der Ornithischier, der die Unterkieferknochen verbindet.

Präkambrium – (Erdfrühzeit) zweites Zeitalter der → Erdgeschichte, begann vor etwa vier Milliarden Jahren, dauerte rund 3,5 Milliarden Jahre, erste primitive Lebewesen, Bakterien und Blaualgen, tauchen auf, gegen Ende Hohltiere und Würmer

Prosauropoda – (Vorgänger der Sauropoda) eine der beiden Zwischenordnungen der → Sauropodomorpha. Mittelgroße zwei- und vierbeinige Pflanzenfresser

Pterosaurier – fliegende → Reptilien des → Mesozoikums

Reptilien – (Kriechtiere) eine der fünf Klassen der Wirbeltiere, umfaßt unter den heute lebenden Tieren die vier Ordnungen Echsen, Schlangen, Schildkröten und Krokodile und die ausgestorbenen Ordnungen der Saurier. Alle heutigen Reptilien sind → ektotherme Tiere mit schuppiger Haut und legen Eier mit harter (Schildkröten, Krokodile, Geckos) oder ledriger (Schlangen, Echsen) Schale.

Säugetiere – endotherme Wirbeltiere mit behaartem Körper, die lebende Junge gebären (nur Ameisenigel und Schnabeltier sind eierlegende Säuger), die sie mit ihrer Milch säugen

Saurischia – (Echsenbecken-Dinosaurier) eine der beiden Ordnungen der Dinosaurier. Umfaßt Fleisch- und Pflanzenfresser

Sauropoda – (Elefantenfuß-Dinosaurier) eine der beiden Zwischenordnungen der → Sauropodomorpha; gigantische, vierbeinige Pflanzenfresser mit kleinen Köpfen, langen Hälsen und Schwänzen

Sauropodomorpha – (Elefantenfußähnliche Dinosaurier) eine der beiden Unterordnungen der → Saurischia. Sie umfaßt nur Pflanzenfresser der beiden Zwischenordnungen → Sauropoda und → Prosauropoda.

Schachtelhalm – zur Klasse der Farnpflanzen gehörende Sporenpflanze, die im → Paläozoikum Baumgröße erreichte; heute nur noch mit einer kleinwüchsigen Gattung vertreten

Sediment – Schichtgestein; entstanden durch Ablagerung und Verfestigung von Verwitterungsmaterial anderer Gesteine (Sande, Schlamm) oder organischer Substanzen (Muschelschalen, Pflanzen)

Stegosauria – (Platten-Dinosaurier) eine der Unterordnungen der Ordnung → Ornithischia; vierbeinige Pflanzenfresser mit großen Knochenplatten auf dem Rücken

Thecodonten – eine Ordnung der → Archosaurier der Trias, Vorfahren der Dinosaurier, → Pterosaurier und der Krokodile

Theropoda – (Raubtierfuß), eine der beiden Unterordnungen der → Saurischia. Sie umfaßt alle Fleischfresser, die fast ausnahmslos Zweibeiner waren und wird heute in die Zwischenordnungen → Carnosauria, → Ceratosauria und → Coelurosauria eingeteilt. Hinzu kommen nicht eindeutig eingeordnete Theropoden, wie zum Beispiel *Avimimus*, *Segnosauria*, und *Baryonyx*, für die man eigene, noch nicht anerkannte Zwischenordnungen hat.

Vegetation – typische Lebensgemeinschaft bestimmter Pflanzen wie Wiesen, Wälder, Heiden. Ein Nadelholzwald kann eine üppige Vegetation haben (sehr viele große Einzelpflanzen) aber eine arme → Flora, also nur wenige unterschiedliche Arten aufweisen. Eine Wiese dagegen kann viele Arten von Gräsern aufweisen, also eine üppige Flora haben, als Vegetation aber dürftig sein.

Zykadeen – zur Klasse der palmenähnlichen Nacktsamer gehörende Palmfarne mit einfachsten weiblichen Blüten. Während des ganzen → Mesozoikums weit verbreitet.

REGISTER

Kursive Seitenzahlen verweisen auf Abbildungen.

JURASSIC PARK
JURASSIC PARK
JURASSIC PARK
Die original Jurassic Park Dinosaurier gibt es jetzt auch als Spielzeug.
Überall im guten Spielwarenhandel erhältlich!
KennerParker 1993